轻松驾驭 Office 2010

——办公应用篇

主　编　洪　帆

副主编　殷　杰　班彩红

U0188746

中国建材工业出版社

图书在版编目（CIP）数据

轻松驾驭 Office 2010. 办公应用篇/洪帆主编. --
北京：中国建材工业出版社，2016.9（2022.7重印）
ISBN 978-7-5160-1613-8

Ⅰ.①轻… Ⅱ.①洪… Ⅲ.①办公自动化—应用软件
Ⅳ.①TP317.1

中国版本图书馆 CIP 数据核字（2016）第 185029 号

内 容 简 介

本书配有二维码微课，全方位、立体化辅助教学。共分 3 章，主要讲解 Office 办公软件中 Word、Excel、PowerPoint 常用功能，以日常办公的典型应用为主线，将知识点融入其中，真正实现所学即所用。第 1 章 Word 2010，由 22 个任务组成，涉及的内容有文档编辑与格式化、表格处理、图形处理、排版与输出等；第 2 章 Excel 2010，由 14 个任务组成，涉及的内容有数据输入与编辑、公式与函数应用、工作表的格式化与管理、数据管理、图表使用和工作表打印等；第 3 章 PowerPoint 2010，由 3 个任务组成，涉及的内容有幻灯片的制作与编辑、动画效果设置、放映效果设置等。

本书适合作为各类职业院校"计算机应用基础"课程教材，也可作为自学参考书，还可作为全国计算机等级考试一级 MS Office 认证考试培训教材。

本书内容在出版前已经过教学实践的检验，提供文字、二维码微课教程的同时，还提供了各类学习素材，读者可登录中国建材工业出版社官网（www.jccbs.com）自行下载。

轻松驾驭 Office 2010——办公应用篇

主　编　洪　帆
副主编　殷　杰　班彩红
出版发行：中国建材工业出版社
地　　址：北京市海淀区三里河路 11 号
邮　　编：100831
经　　销：全国各地新华书店
印　　刷：北京印刷集团有限责任公司
开　　本：787mm×1092mm　1/16
印　　张：11
字　　数：270 千字
版　　次：2016 年 9 月第 1 版
印　　次：2022 年 7 月第 3 次
定　　价：**39.00 元**

本社网址：**www.jccbs.com**　　微信公众号：**zgjcgycbs**
本书如出现印装质量问题，由我社市场营销部负责调换。联系电话：**（010）57811387**

前　　言

本书配有二维码微课，全方位、立体化辅助教学，并打破过去绝大多数教材按部就班地介绍知识、方法的组织形式，以具体工作任务的方式进行内容呈现，由多年从事"计算机应用基础"课程教学的一线教师结合职业类院校学生特征及实际计算机办公技能需求和丰富的教学经验进行编写。

本书按照以就业为导向、以能力为本位、以实践技能训练为重点，"理论教学与实践教学一体化"的教学理念，以"任务"为教学驱动方式，分解、细化知识，逐步推进，最终达到实现完整任务、掌握知识技能的双重收获，是一本理论知识、操作技能一体化的"计算机应用基础"教材。

本书的主要特点：每个任务中由"效果图""任务分解""核心知识点""操作步骤""技巧提示""巩固一下"六部分共同组成；注重任务实现的每一个步骤、思路清晰、图文并茂，直观性强；由表及里、逐层深入地使学习者主动建构起探究、实践、思考、运用的学习体系。

本书适合作为各类职业院校"计算机应用基础"课程教材，也可作为自学参考书，还可作为全国计算机等级考试一级 MS Office 认证考试培训教材。

本书由北京市供销学校洪帆担任主编，殷杰、班彩红担任副主编，其他编委有薛飞、王瑾、贺梦婕。

本书内容在出版前已经过教学实践的检验，提供文字、二维码微课教程的同时，还提供了各类学习素材，读者可登录中国建材工业出版社官网（www.jccbs.com）自行下载，方便读者的教学。

由于编者水平有限，书中难免有疏漏和不足之处，敬请读者提出宝贵意见和建议。

编　者
2016.8

目　　录

第 1 章　Word 2010

第 2 章　Excel 2010

第 3 章　PowerPoint 2010

第1章

Word 2010

任务 1　滑雪人

效果图

任务分解

输入▲和乏，修饰。

核心知识点

字符的缩放，间距，位置的改变。

制作步骤

（1）插入｜符号，字体——普通文本，子集——几何图形符，插入▲。

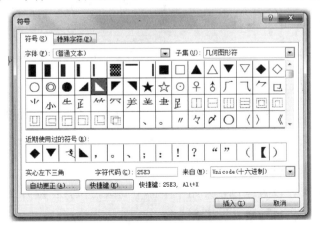

（2）插入｜符号，字体——Webdings，插入 支 四次。

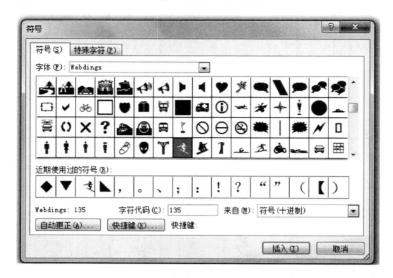

（3）选中 ◤ ，设置字号为 72 磅，开始｜字体｜高级，缩放：600％。

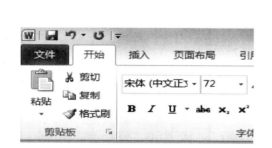

（4）选中 支 ，设置初号。

（5）选中 ◤ ，开始｜字体｜高级，间距：紧缩 150 磅（此时四个 支 会出现在 ◤ 的后面）。

（6）选中第 1 个 支 ，设置红色，开始｜字体｜高级，位置：提升 38 磅。

（7）选中第 2 个 支 ，设置蓝色，开始｜字体｜高级，位置：提升 30 磅。

（8）选中第 3 个 支 ，设置绿色，开始｜字体｜高级，位置：提升 25 磅。

（9）选中第 4 个 支 ，设置橙色，开始｜字体｜高级，位置：提升 18 磅。

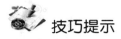 技巧提示

改变 2 个字符的字符间距，应当选中前面的字符，而不是后面的，也可以 2 个同时选中。

 巩固一下

月半　瘦　沉　浮

任务 2 杂志宣传

效果图

2 6

欢迎订购我社《超级利器》《电脑学堂》《精彩范例158》等系列丛书。

这几个系列的电脑知识丛书是我们联合业界知名作者，根据作者的实际经验用"心"打造的精品图书，不但知识丰富、讲解富于条理，而且还根据读者的建议对知识进行了系统合理的安排。

任务分解

2016，2 个圆形，文本框，输入文字。

核心知识点

基本图形，文本框，设置基本图形和文本框的格式。

制作步骤

（1）输入文字 2016，选中，设置字号为 105 号，字体为 PmingLiu，颜色为红色。

（2）删除 2016 中的 0 和 1，在 2 和 6 之间加入适当的空格。

（3）插入｜形状｜椭圆，按住 Shift 键，同时拖动鼠标，画出一个圆形，设置该图形的形状颜色为"无填充颜色"，形状轮廓颜色为"黑色"，再对它做复制，按照样张叠放好。

（4）按住 Shift 键，分别单击 2 个圆，选择"组合"命令，对 2 个圆形进行组合。

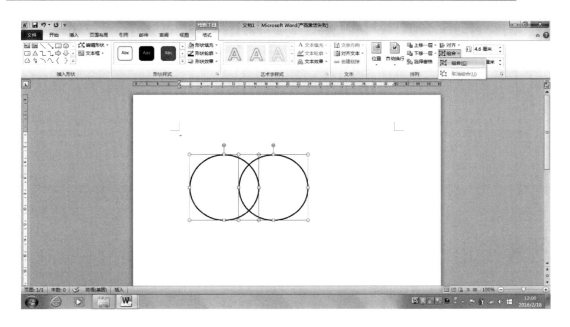

（5）在组合后的圆中，插入｜文本框｜绘制文本框，拖动鼠标，在圆中画 1 个横排的文本框。

（6）在文本框中输入文字。

（7）对文字进行排版，宋体，小五号，格式｜段落｜首行缩进，2 字符。

（8）选中文本框，在绘图工具中，设置文本框的形状颜色为"无填充颜色"，形状轮廓颜色为"无轮廓"。

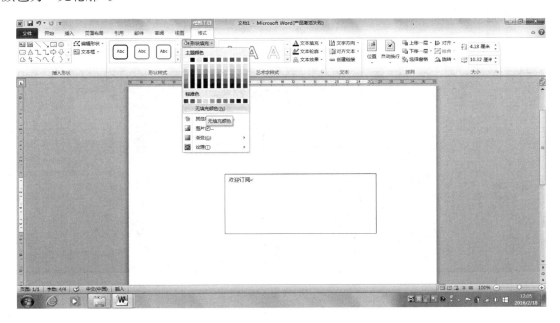

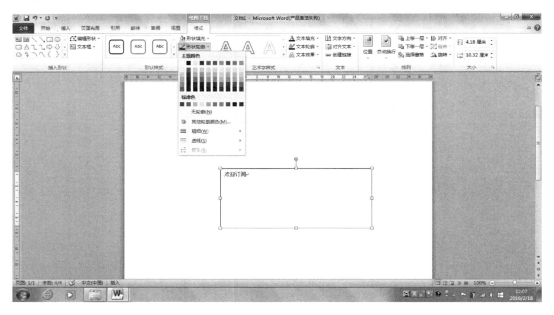

（9）选中圆形和文本框，组合。

 技巧提示

选中图形对象后，用键盘上的 Ctrl 键和方向键，可以实现对图形位置的微调整。

巩固一下

按照下图的形式制作，可以适当加入自己的创意。

任务 3　中国象棋棋盘

效果图

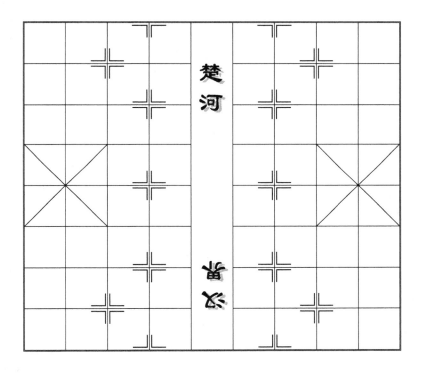

任务分解

插入一个 8 行 9 列的表格，改变行高和列宽，合并第 5 列的所有单元格，使用艺术字的方式输入"楚河"和"汉界"，改变表格的边框，用图形工具画"直角"。

核心知识点

表格边框的设置，基本图形的三维效果。

制作步骤

（1）新建一个空白文档。

（2）插入｜表格｜插入表格，8 行，9 列。

（3）插入点放在表格中任意位置，表格｜布局，高度：1.5 厘米，宽度：1.5 厘米，将第 5 列选中，合并单元格。

（4）插入｜艺术字，用"渐变填充-黑色-轮廓-白色，外部阴影"的样式，输入"楚河"，对这两个字设置：隶书，24 磅，黑色，调整阴影的位置；照此，做出"汉界"，用旋转按钮，将其旋转 180°，放至第 5 列适当位置。

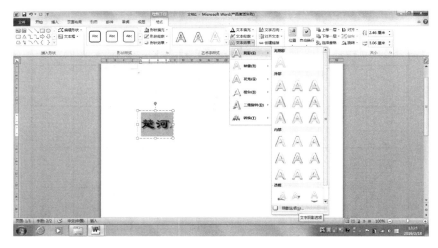

（5）选定整个表格，在表格工具中的设计标签下，笔样式为："双线"，用于表格边框："外侧框线"；对第 4 行 1 列、8 列，第 5 行 2 列、9 列的单元格使用，对第 4 行 2 列、9 列，第 5 行 1 列、8 列的单元格使用。

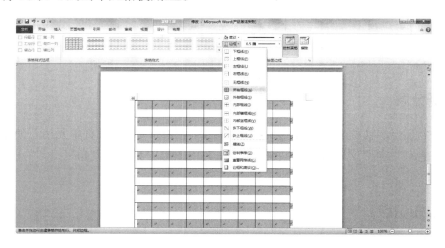

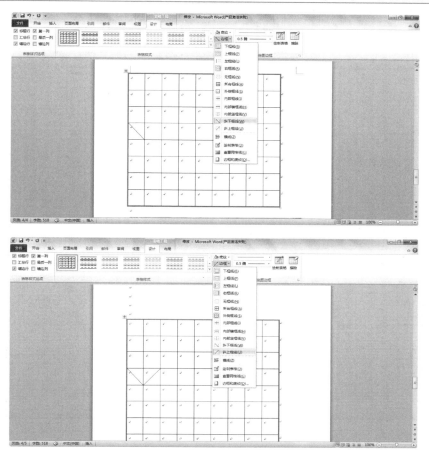

（6）用插入｜形状中的 ＼，分别画一条水平和垂直的线，将这两条线接成一个直角，
⌐，对其进行复制，适当做水平翻转或垂直翻转后，组合成为棋盘上的置子点。

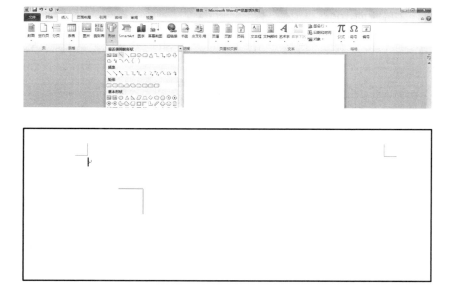

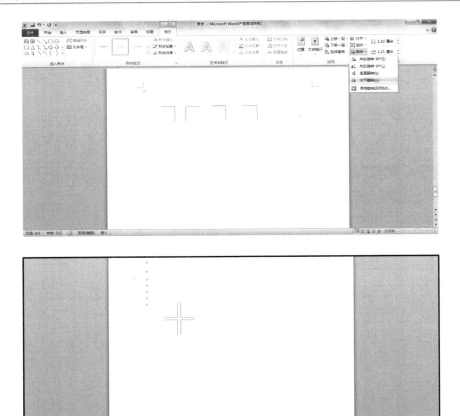

技巧提示

要准确地将水平和垂直的线段连接成一个直角形状，可以采用视图｜显示比例：200%
的方法，对准后，再改回 100%。

 巩固一下

信息系统控制——目标

保持数据完整

信息系统控制目标

提高资源使用效率

符合相关的法律法规和政策

任务 4　手绘图形

微课

 效果图

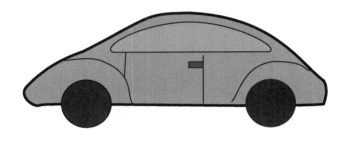

任务分解

任意多边形，端点编辑，曲线，平滑处理，圆形，图形着色。

核心知识点

利用任意多边形绘制复杂图形。

制作步骤

（1）选择插入｜形状｜任意多边形。

（2）绘制汽车的外轮廓线。

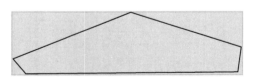

（3）如以上图形的顶点不合适，可以在图形上点击右键，选择"编辑顶点"来进行移动顶点等命令 编辑顶点(E) 。

（4）在图形上点击右键，选择"编辑顶点"，而后在某顶点处再点击右键，选择"平滑顶点"，此时顶点两侧会出现拉伸柄和拉伸点，拖动拉伸点，使车的轮廓线尽量平滑。

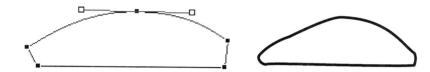

（5）利用上述方法画出车身上其他线形并编辑好。

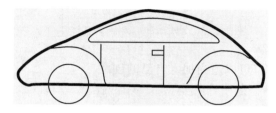

（6）最后，选中图形，在形状颜色和形状轮廓中，调整各图形的填充颜色和轮廓效果。

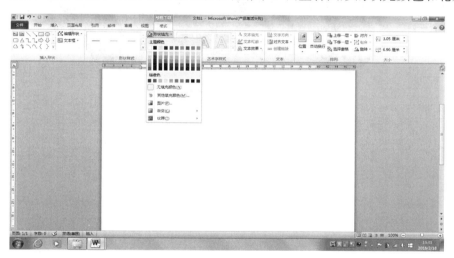

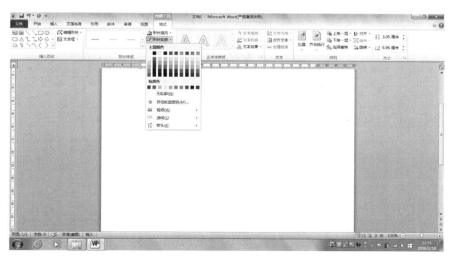

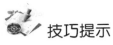 **技巧提示**

任意多边形的端点可作平滑处理，从而可以编辑出除基本图形外更丰富的图形。

注意，所有图形的原始"环绕方式"最好为"浮于文字上方"，待所有图形画好后进行"组合"，然后可以对组合后的图形再设置合适的环绕方式。

 **巩固一下**

按照下图的形式制作，可以适当加入自己的创意。

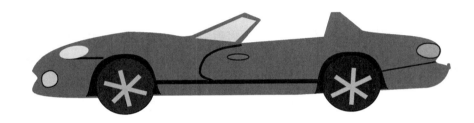

任务 5　简单目录编排

效果图

目录

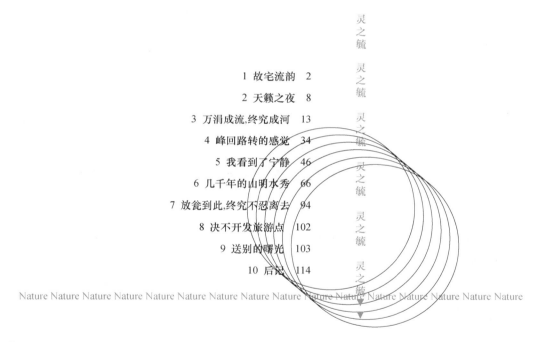

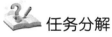任务分解

文本框，图形，图形组合，符号。

核心知识点

行距、右对齐，在文字上添加文本框和格式的设置，基本图形的绘制与设置。

制作步骤

（1）新建空白文档。

（2）输入文字"目录"。

（3）插入｜文件，找到给定的文件。

（4）选中刚插入的文字，插入｜文本框｜绘制文本框，设置：宋体，小四，加粗，1.5倍行距，右对齐。

（5）插入｜文本框｜绘制竖排文本框，输入文字"灵之毓"，设置为宋体，小四，灰色，然后将这 3 个字进行若干次复制，放在与样张类似的位置。

（6）插入｜文本框｜绘制文本框，输入 Nature，设置为小四，灰色，然后将其复制若干次，放在与样张类似的位置。

（7）插入｜形状｜椭圆，按住 Shift，拖动鼠标，画出一个圆形，设置它的形状填充为"无填充颜色"，对其复制 5 次，同时选中这 6 个圆形，组合，照样张的形式放好。

（8）保存文件。

技巧提示

软键盘的默认状态是 PC 键盘，右击软键盘，可以改变软键盘的类型，从而可以进行特殊符号的输入，避免使用插入｜符号，所需的长时间的找寻过程。

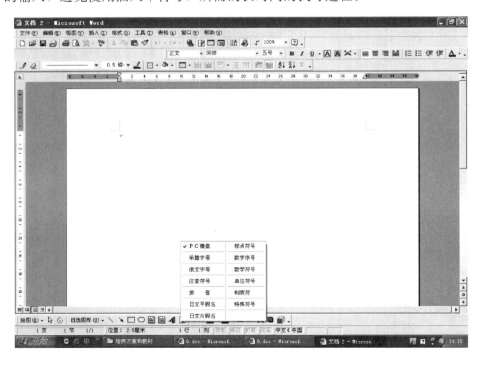

 巩固一下

风险管理≠更多的控制

无风险等价=期望报酬率-风险厌恶系数×风险程度

控制会增加成本，——风险管理应当在风险和控制之间取得平衡，以实现业务目标。

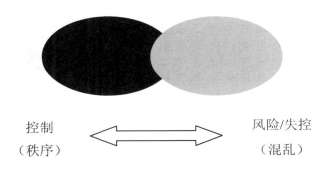

控制　　　　　⟺　　　　　风险/失控
（秩序）　　　　　　　　　　（混乱）

任务 6　裁剪画制作

效果图

就这样在东精灵王国里走了很久，我们都是悄无声息地前进着，没有遭遇过任何冲突。我们已经越来越接近萧拓的王宫了，我的心情也日渐激动，在向那座黑色的堡垒靠进的日子里。我甚至总是在去的雾气蓬勃的时候幻想着，当这些雾气散颠峰之时候，我抬起头，就可以看见在王宫的处焕发的那块象征着荣耀与尊贵的宝石。

任务分解

基本图形，蒙板图形，裁剪画。

核心知识点

基本图形，图片格式，叠放次序，透明色，裁剪，选择性粘贴。

制作步骤

（1）利用插入｜形状｜基本形状中的♡形，画出一个♡，进行复制、旋转后作出以下图形作为裁剪蒙板（注意中间要画一个圆形）。

（2）画一矩形（颜色区别于上图），利用"上移一层"或"下移一层"，将其置于上图的后面。

（3）同时选中上面画的所有图形，先进行"剪切"操作，再进行"选择性粘贴"，在弹出的对话框中选择"图片（GIF）"格式，从而完成图形到图片的转化。再利用"透明色"工具 将图片中黑色部分转为透明，从而创建蒙板图片。

（4）插入一风景或人物图片，并在其"属性"对话框中设置其"版式"为"浮于文字下方"将人物图片放在蒙板图片下方，使用"步骤 3"中的方法将两图片转化为一图片。

（5）对上图进行裁剪，剪去黄色以外的部分，而后将黄色部分设置为透明色。利用绘图工具│形状效果│阴影工具，为图片加适当的阴影，最后将图片的版式改为"紧密型"即可。

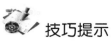

技巧提示

当移动图形或图片时出现对不准时，可以用 Alt 键＋鼠标的方式移动。

巩固一下

按照下图的形式制作，可以适当加入自己的创意。

In AVI Video Converter is a complete   solution for video file converting and burning. It   supports convert AVI to DVD, AVI to VCD, AVI to   MPEG, AVI to MPG, AVI to WMV, DVD to AV.

任务7 公司刊物

微课

效果图

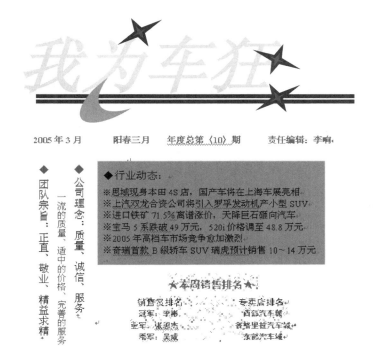

任务分解

艺术字，基本图形（直线、五角星、新月形），文本框，字符格式，项目符号，特殊符号。

核心知识点

插入、编辑艺术字，绘制基本图形、文本框并设置基本图形和文本框的格式，设置字符格式及文字的动态效果，添加项目符号和插入特殊符号。

制作步骤

（1）插入｜艺术字，弹出"艺术字"对话框，选择适当的艺术字样式。

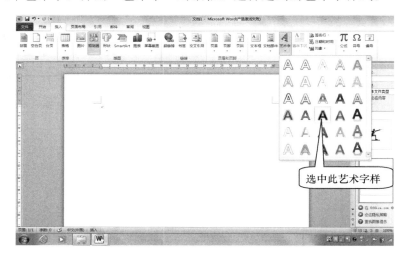

（2）输入文字"我为车狂"，设置字号为"48"，字形为"加粗、倾斜"，调整艺术字的大小、位置，调整艺术字阴影的位置（格式｜居中）。

（3）插入｜形状，绘制直线并设置其线型为"1.5磅"。

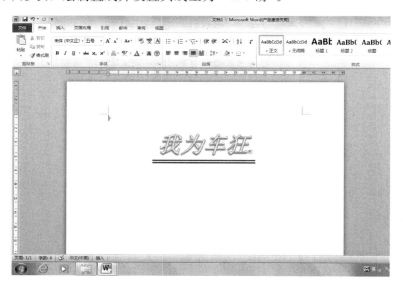

（4）插入｜文本框｜绘制文本框，输入文字，设置颜色"海绿"，字号为"小四"，使用方向键移动文本框至合适位置，右键单击该文本框｜设置文本框格式｜无填充颜色、无轮廓。

（5）插入｜形状｜星与旗帜｜五角星，绘制五角星图形，用同样方法绘制"新月图形"，并将它们填充为"蓝色"。

（6）插入｜文本框｜竖排文本框，绘制文本框，输入文字，设置字号分别为"四号和小四"，颜色分别为"红色和蓝色"，为文字加上项目符号，添加项目符号，右键单击该文本框｜设置文本框格式｜无填充颜色、无轮廓。

◆　　◆　　公司理念：质量、诚信、服务
团队宗旨：正直、敬业、精益求精
一流的质量、适中的价格、完善的服务

（7）插入｜文本框｜绘制文本框，输入文字，设置字号分别为"四号和小四"，插入｜符号◆和※，右键单击该文本框｜设置文本框格式｜填充颜色"淡紫"，线条颜色"金色"。

◆　　◆　　公司理念：质量、诚信、服务
团队宗旨：正直、敬业、精益求精
一流的质量、适中的价格、完善的服务

◆行业动态：
※思域现身本田 4S 店，国产车将在上海车展亮相
※上汽双龙合资公司将引入罗孚发动机产小型 SUV
※进口铁矿 71.5% 离谱涨价，天降巨石砸向汽车
※宝马 5 系跌破 49 万元，520i 价格调至 48.8 万元
※2005 年高档车市场竞争愈加激烈
※奇瑞首款 B 级轿车 SUV 瑞虎预计销售 10～14 万元

（8）插入｜文本框｜绘制文本框，输入文字，开始｜"字体"对话框的"字体"标签下设置字体"黑体"，字号分别为"四号、小四和五号"，颜色为"红色、黑色和绿色"，居中；插入｜符号★，右键单击该文本框｜设置文本框格式｜无填充颜色，无轮廓，效果如图所示；至此公司刊物的制作就全部完成了。

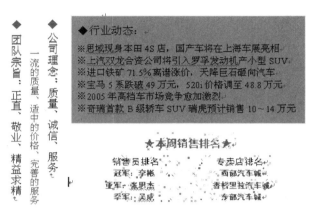

 巩固一下

按照下图的形式制作，可以适当加入自己的创意。

任务 8 借款单

 效果图

借款单

借 款 部 门		借 款 时 间	年　月　　日
借 款 理 由			
借 款 数 额	人民币（大写）：		
部门经理签字		借款人签字	
财务主管批示		出 纳 签 字	
还 款 记 录	年　　　月　　　日以现金/支票（号码：　　　　　）支付方式		

 任务分解

表格的标题，表格框架，表格内容，表格内容的对齐方式。

 核心知识点

插入表格，编辑表格，内容的对齐方式。

 制作步骤

（1）插入｜表格｜插入表格，在"插入表格"对话框中，输入行数：6，列数：4，确定。

（2）用鼠标，调整第 2 列的列宽。

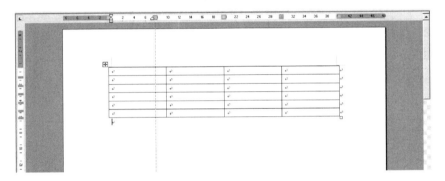

（3）选中第 2 行的第 2，3，4 列，右击，合并单元格。

（4）选中第 3 行的第 2，3，4 列，右击，合并单元格。

（5）选中第 6 行的第 2，3，4 列，右击，合并单元格。

（6）照样张输入文字。

（7）选择第 1 列文字，右击鼠标选择"单元格对齐方式"，水平居中。

（8）对其他非空单元格，根据样张设置对齐方式。

 技巧提示

　　若需要同时在水平方向和垂直方向居中，可以直接使用"表格边框"工具栏上的"中部居中"按钮。

 巩固一下

求职表

姓名		性别	年龄	照片
专业	住址	邮编	宅电	移动电话
求职意向				

任务 9 制作数学公式

 效果图

$$\frac{\mathrm{d}}{\mathrm{d}x}\int_{x^2}^{x^3}\frac{\mathrm{d}t}{\sqrt{1+t^4}}$$

$$=\frac{1}{\sqrt{1+x^{12}}}\cdot(x^3)'-\frac{1}{\sqrt{1+x^8}}\cdot(x^2)'$$

$$=\frac{3x^2}{\sqrt{1+x^{12}}}-\frac{2x}{\sqrt{1+x^8}}$$

 任务分解

公式编辑器，分式，积分符号，指数符号，平方根符号。

 核心知识点

公式编辑器。

制作步骤

（1）插入│对象│对象，在弹出的对话框中选择"Microsoft 公式 3.0"，打开"公式编辑器"。公式作为一种特殊对象而存在，需使用公式编辑器才能进行编辑。

出现下面窗口：

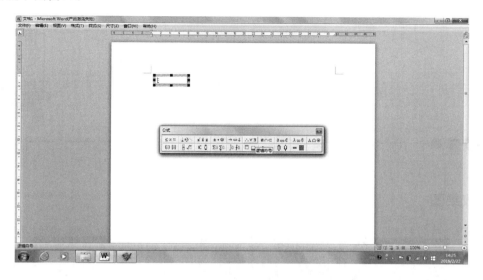

（2）选择 中的合适工具可编辑分式：

$$\frac{\mathrm{d}}{\mathrm{d}x} \text{和} \frac{\mathrm{d}t}{\sqrt{1+t^4}}$$

（3）选择 中的合适工具可编辑平方符号：

$$t^4 \text{、} (x^3) \text{、} 3x^2 \text{ 等}$$

（4）选择 中的合适工具可编辑积分符号：

$$\int_{x^2}^{x^3}$$

（5）选择中 的合适工具可编辑平方根符号：

$$\sqrt{1+t^4}$$

巩固一下

按照下图的形式制作，可以适当加入自己的创意。

$$I = \int_0^{\frac{\pi}{2}} \mathrm{d}x \int_0^{\frac{\pi}{2}-x} \cos(z+x)\mathrm{d}z \int_0^{\sqrt{x}} y\mathrm{d}y$$

$$= \frac{1}{2} \int_0^{\frac{\pi}{2}} x(1-\sin x)\mathrm{d}x$$

$$= \frac{\pi^2}{16} - \frac{1}{2}$$

任务 10　杂志封面

 效果图

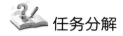

任务分解

衬底的文本框，汉语拼音，杂志名称，图片，主办单位，期号。

核心知识点

插入图形对象及其编辑，插入键盘上没有的符号。

制作步骤

（1）插入｜文本框｜绘制文本框，画一个与页面大小相近的框，双击该文本框，打开"设置文本框格式"对话框，将填充色设置为"蓝色"。

（2）在文本框中的第 1 行输入"DUZHEWENZHAI"，设置小二，字形为"倾斜"，加下划线，居中，白色。

（3）在文本框第 2 行输入"读者文摘"，华文行楷，初号，居中，黄色，两个字之间空一个格。

（4）在文本框第 3 行，插入｜符号，在"几何图形符"子集中，找到◆，插入，然后输入"热爱生活的人"，用同样的方法输入后面的内容，最后将整行设为黄色，六号，居中。

（5）输入若干回车，直到插入点至文本框下方。

（6）在文本框第 5 行，插入｜图片，找到给定的图片素材，插入，调整大小，居中。

（7）在图片的下方输入"2004"，设置为"华文彩云"，初号，白色。

（8）在"2004"的右侧输入主办单位，设置为，宋体，四号，白色。

（9）用插入｜形状｜基本形状｜直角三角形，画一个直角三角形，将其用绘图工具中的旋转｜水平翻转，然后将其移动到文本框的右下角，填充为白色，"无轮廓"。

（10）插入｜艺术字，输入"第 6 期"，将其旋转 45°，颜色为浅蓝色，然后将其放在三角形的内部。

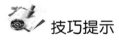

技巧提示

图形对象的位置可以用 Ctrl 和方向键，精确调整。

巩固一下

内部控制

内部控制:

- 是任何企业的核心,是企业的人以及它所处的环境。
- 是推动企业的引擎,也是其他要素的基础。

任务 11 科技论文

效果图

网络中双绞线接线的方法和策略[*]

杨伟洲

（中国计算机研究所）

摘要： 在网络组建过程中，双绞线的接线质量会影响网络的功能。双绞线在各种设备之间的接法也非常有讲究，应按规范连接。本文主要介绍双绞线的标准接法及其各种设备的连接方法，目的是使大家掌握规律，提高工作效率，保证网络正常运行。

关键词： 规范连接、方法、规律。

双绞线的标准接法

双绞线一般用于星型网络的布线，每条双绞线通过两端安装的 RJ-45（俗称水晶头）将各种网络设备连接起来。双绞线的标准接法不是随便规定的，目的是保证线缆接头布局的对称性，这样就可以使接头内线缆之间的干扰相互抵消。

超五类线是网络布线最常用的网线，分屏蔽和非屏蔽两种。如果是室外使用，屏蔽线要好些，在室内一般用非屏蔽五类线就够了，而由于不带屏蔽层，线缆会相对柔软些，但其连接方法都是一样的。一般的超五类线里都有四对绞在一起的细线，并用不同的颜色标明。

双绞线有两种接法：EIA/TIA 568B 标准（表 1）和 EIA/TIA 568A 标准（表 2）。

表格 1　　T568A 线序

序号	1	2	3	4	5	6	7	8
颜色	绿白	绿	橙白	蓝	蓝白	橙白	棕	棕白

参考文献

➤　华中科技大学张伟《网络通讯》

➤　河南科技大学刘志锋《局域网建设精谈》

[*] 国家信息产业基金资助项目

 **任务分解**

字符格式，段落格式，表格，脚注，项目符号。

 核心知识点

字体格式，段落格式，表格的制作。

 制作步骤

（1）打开所需排版文件。

（2）设置标题，黑体，小二，加粗，居中，段前 12 磅，段后 14 磅。

（3）选中"作者"，宋体，五号，居中。

（4）选中"单位"，宋体，小五号，居中。

（5）选中所有段落，首行缩进 2 字符。

（6）选中"摘要"和"关键词"所在段，仿宋，小五，这 2 个词本身，加粗。

（7）选中"双绞线的标准接法"，宋体，小四，加粗。

（8）在"参考文献"段前，插入几个空行。

（9）输入表格的标题，宋体，五号，居中。

（10）表格 | 插入表格，2 行，9 列，输入表格中的文字，选定所有文字，右击鼠标，单元格对齐方式 | 水平居中。

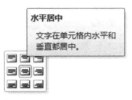

（11）选定表格，设置表格的外框线为双线。

（12）选中"参考文献"，宋体，五号，加粗，段前 24 磅，段后 12 磅。

（13）在"华中科技……"之前单击鼠标，开始 | 项目符号和编号，选择所需符号，同理，实现下面行的符号。

（14）将插入点放到标题行的尾部，引用插入脚注，在页面的底端输入脚注的内容。

（15）保存文件。

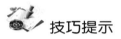

技巧提示

Word 默认的行距为"单倍行距"，在编排行数较多的文档时，可将其调整为"1.5 倍行距"。

巩固一下

意大利电信与都灵组委会工作界面

● 　赛前界面　　网络建设和业务开通由意大利电信负责，赛时服务保
　　障和统计分析由都灵组委会负责，意大利电信协助。

● 　赛时界面：
　　　1．服务保障方面

　　　2．统计分析方面

任务 12 宛城周末

效果图

WAN CITY WEEKEND
宛城周末

标题新闻

本周普降喜雨，农忙春耕。
新年工作计划定，经济腾飞宏图展。
一批社会蛀虫伏法。

走进南阳

南阳白河源出自伏牛山玉皇顶东麓 流至襄樊注入汉水。白河为古老的常年河流，流经河南境内外内全长蔓 329 公里，流域面积劳成疾 2500 平方公里，在南阳市区内流经河段总长蔓 2 公里，自东北向西南，自成半环形穿市而过。

如今的白河浏览区，随着南阳城市建设的飞速发展，已投巨资建成了三座橡胶坝，出现两坝拦流水，荒滩出平湖，两岸飞彩虹的动人美景。宽阔的水域，清澈的碧水，形成了天水一色的景象。使南阳"历史文化名城"的形象更加楚楚动人。白河旖旎的自然风光与卧龙大桥、清阳桥、白河大桥、南阳大桥相协调，形成了浏览区的形象主体，与白河两岸现代化的高层建筑相辉映，形成了城市的天际轮廓线，使南阳充满了诗情画意，给人一种生机勃勃的美。

横跨白河南北两岸的卧龙大桥北端，一只巨型铜凤，亭亭玉立，展翅欲飞，在改革开放的形势不，象征着南阳腾飞的姿态。桥南侧一座恐龙形小桥通向白河中的莲花岛，岛上的嬉水园、游乐场、垂钓台等诸多游乐场所，使游人感到新颖奇特。从莲花岛可乘舟或坐艇到达水中的月亮岛上，登岛游戏浏览更觉耳目一新，这里有别致的房屋建筑，有高大秀美的树木，有色彩缤纷、芳香扑鼻的各种花卉，更为引人注目的是一座高大雄伟的仿古建筑物，便是刘玄登基台。西汉末年，刘玄在白河滩筑坛拜将，号称更始帝，继而刘秀又起兵南阳，建立了东汉王朝。来岛游览者无不登临此台，缅怀历史，发思古之幽情。月亮岛和莲花岛不仅风景优美，而且具备餐饮、住宿、娱乐的各种场所，物别是炎夏岛，即感凉爽诱人，眷恋难舍。

白河游览区南北两岸铺设的宽敞大道，宛如镶嵌在碧水两边的银带。水面为 70 余万平方米的游船区，浩淼的表波上，各种快艇、小船往来穿梭，多彩的救生圈套、气垫床、游泳装犹如各色花朵开满河面。国家级划艇，水面宽阔，水质清澈，已成为河南省和国家级水上运动的比赛的最佳场所。

我市部署沿边禽流感防治工作

我 市在 2 月 17 号召开会议安排部署在沿鄂、沿陕边界地区 5 公里禽流感防治紧急免疫隔离带及相关动物疫病防治工作。

根据市政府研究意见，市领导就阻止疫情传入，确保我市经济和社会的安全提出要求。目前，我市周边的襄樊、驻马店已确诊发现高致病性禽流感病例，沿鄂、沿陕的桐柏、唐河、新野、邓州、西峡6县市县要建立紧急免疫隔离带，把好外疫入侵关口。各级政府要加强领导，明确任务，精心组织，确保防疫取得实效。要制订动物疫病防治工作方案，要做好强制免疫、疫情普查监测、及时果断处理可能发生突发事件的同时，以建立免疫隔离带为中心做好沿边地带的禽流感防治工作，成功阻止疫情入侵。

 任务分解

插入相关文件，杂志的 Logo，杂志的标题，艺术字，图片，分栏，首字下沉。

 核心知识点

文本框，剪贴画的编辑处理。

 制作步骤

（1）打开给定的文件。

（2）在文档的开始处插入 6 个空行。

（3）做左上角的图案和文字：插入｜形状，用"矩形"工具，画出一个矩形，在其中填充"黑色，文字 1，淡色 35％"；在"矩形"中，插入｜文本框｜绘制文本框，画一个文本框，填充"白色"，并且"无轮廓"；在"文本框"中再次插入一个文本框，"无填充色"，"无轮廓"，在其中输入"WAN CITY WEEKEND"，对文字进行相应的修饰；用插入艺术字，制作"宛城周末"；最后，插入｜剪贴画，找到"斜塔"，插入剪辑；适当调整各部分的位置。

（4）做右上角的图案和文字：插入｜文本框｜绘制文本框，画一个文本框，与左侧的矩形同样高度，在其中填充"白色，背景 1，深色 35％"；将给定文字的前四行移动到此文本框中，设置第一行，黑体，三号，居中；设置其余三行，宋体，四号，可以用首行缩进的方法调整行首文字的位置。

（5）选定文档中其他内容，设置"宋体、小五、单倍行距，首行缩进2字符"。

（6）插入｜艺术字，输入"走入南阳"，设置环绕方式"四周型环绕"，按样张放好位置。

（7）楼房图片：插入｜图片，设置"四周型环绕"，按样张放好

（8）使用插入｜形状中的"直线"工具，在按住 Shift 的同时，拖动鼠标，画一条水平的直线，并将线的粗细做改动，按样张的位置放好。

（9）选中最后2个自然段，页面布局｜分栏，2栏，勾上分割线。

（10）选中倒数第2段的第一个字，插入｜首字下沉。

（11）"人"的图片：插入｜图片，按样张放好。

 技巧提示

在文本框中插入图片，无法设置"环绕方式"。

巩固一下

任务 13　旅游行程单

效果图

北京幸福每年天天乐旅游集团有限公司

张家界、天子山、黄石寨、金鞭溪、茅岩河

六日行程:

第一天: 上午 12:58 起北京西站乘 26 次赴张家界。（宿火车上）

第二天: 12:45 分抵达张家界，乘车前往张家界索溪峪自然风景保护区游览地下明珠—黄龙洞，有惊险一百大峡。（宿索溪峪）

第三天: 游览张家界国家森林公园，游览天子山风景区：山女散花、卧龙岭、十里画廊。（宿家宝峪）

第四天: 开始攀爬黄石寨、浏览天书宝匮、天桥遗墩、后会仙波受少、雾海金龟、不远处门等。（宿市内）

第五天: 早餐后前往"百里画廊"茅岩河漂流，体会两岸如画风光和漂流的惊险刺激。（宿张家界）

第六天: 乘机返北京，结束愉快的旅途。

报价: 1980 元／人。

费用包括: 行运交通费、机场建设费、住宿二星级或同级酒店双标间、含餐（不含火车上用餐）、当地空调旅游车、景点大门票、当地导游服务、漂流费用、旅游保险。

说明:

1、景区缆车费用自理；

2、如遇国家政策性调整机、车票价格，请按规定补交差价。

任务分解

页眉和页脚，艺术字，字符效果，字体设置，段落的行距，着重号，插入图片。

核心知识点

页眉和页脚，行距调整，字符设置，插入艺术字。

制作步骤

（1）输入除标题之外的所有文字（张家界……请按规定补交差价）。
（2）在第 1 行之前插入一个空行（用来放艺术字形式的标题）。
（3）插入｜页眉，输入页眉内容，插入｜页脚，输入页脚的内容。
（4）插入｜艺术字，用第一种样式，输入文字，设置字号 20，加粗，倾斜。
（5）设置艺术字的颜色：绘图工具｜文本填充，"橙色"。
（6）用插入｜形状——"直线"，为艺术字加上下方及右侧的直线
（7）其余文字的设置为如下说明

张家界，天子山、黄石寨，金鞭溪，茅岩河

> 黑体，小三，加粗，下划线

六日行程： ← 黑体，小三，加粗

> 仿宋，四号

第一天： 上午 12：58 在北京西站乘 267 次赴张家界。（宿火车上）

第二天： 12：45 分抵达张家界，乘车前往张家界索溪峪自然风景保护区游览地下明珠—黄龙洞，古战场—百丈峡。（宿索溪峪）

第三天： 游览张家界国家森林公园，游览天子山风景区；仙女散花、卧龙岭、十里画廊。（宿索溪峪）

> 宋体，四号

第四天： 开始攀爬黄石寨、游览天书宝匣、天桥遗墩，沿金鞭溪漫步，紫草潭、水绕四门等。（宿市内）

第五天： 早餐后前往"百里画廊'茅岩河漂流，欣赏两岸如画风光和漂流的惊险刺激。（宿张家界）

楷体，四号，加粗

第六天：乘机返北京。结束愉快旅途。

报价：1980 元／人。

费用包括：往返交通费、机场建设费、住宿

二星级或同级酒店双标间、含餐（不含火车

上用餐）、当地空调旅游车、景点大门票、

当地导游服务、漂流费用、旅游保险。

黑体，四号

说明：

黑体，四号，加粗

宋体，四号

1、景区缆车费用自理；

2、如遇国家政策性调整机、车票价格，请按规定补交差价。

（8）选中要添加着重号的文字，开始｜字体，着重号处由"无"改为"．"。

（9）调整行距，让文字占满一张 A4 纸，选中除 2 个标题以外的所有文字，开始｜段落——行距——固定值，30 磅。

（10）插入｜图片，选择给定的图片文件，插入之后，对其设置为"四周型"，移到相应位置。

（11）用页面布局｜水印｜自定义水印的方法制作"旅游"二字。

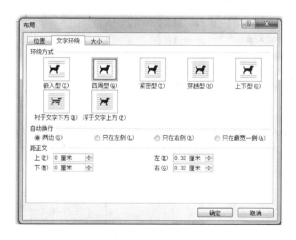

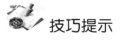 技巧提示

图形对象添加的阴影的位置是可以调整的，通过"阴影选项"来实现。

巩固一下

完成下面的排版。

科学家名言

- 我们应该不虚度一生，应该能够说："我已经做了我能做的事。" ——居里夫人

- 倘若人能够完成他所希望的一半，那么，他的麻烦也将加倍。——富兰克林

- 只见汪洋时就认为没有陆地的人，不过是拙劣的探索者。——培根

- 不要努力成为一个成功者，要努力成为一个有价值的人。——爱因斯坦

- 一个人的真正价值，首先决定于他在什么程度上和在什么意义上从自我解放出来。——爱因斯坦

- **人只有献身社会，才能找出那实际上是短暂而有风险的生命的意义。** ——爱因斯坦

- 人所具备的智力仅够使自己清楚地认识到，在大自然面前自己的智力是何等的欠缺。如果这种谦卑精神能为世人所共有，那么人类活动的世界就会更加具有吸引力。——爱因斯坦

- 不管时代的潮流和社会的风尚怎样，人总可以凭着高贵的品质，超脱时代和社会，走自己正确的道路。——爱因斯坦（美国）

- 虽然我们总是叹息生命的短促，但我们却在每个阶段都盼望它的终结。儿童时期盼望成年，成年时盼望成家，之后又想发财，继之又希望获得名誉地位，最后又想归隐。——爱迪生

任务 14　会议通知

 效果图

> ### 关于召开 2016 德育年会的相关要求及注意事项的通知
>
> 一、时间：2016 年 7 月 6 日——7 月 8 日
>
> 二、地点：昌平军训基地
>
> 三、7 月 6 日车辆安排：
>
> ♣ 7 月 6 日班车按原线路正常发车，最后一站后直接赶赴军训基地。
>
> ♣ 自备晕车药。
>
> 四、住宿安排：
>
> ♣ 男老师每四人一房间。
>
> ♣ 女老师每三人一房间。
>
> 五、注意事项：
>
> ♣ 自带洗漱用品、运动鞋、换洗衣物。
>
> ♣ 自备防蚊药品。
>
> ♣ 会议期间注意安全，保持通信畅通。
>
> 六、会议时间安排
>
> | 日期和时间 | 内容 | 负责部门 |
> | --- | --- | --- |
> | 7 月 6 日 8：30—11：30 | 专家讲座 | 学生处 |
> | 7 月 6 日 2：00—5：30 | 学校德育大纲宣讲 | 德育办公室 |
> | 7 月 7 日 8：30—11：30 | 拓展训练 | 学生处 |
> | 7 月 7 日 2：00—5：30 | 学校德育总结 | 德育办公室 |
> | 7 月 8 日 8：30—11：30 | 全校大会 | 办公室 |
>
> 学校办公室
>
> 2016 年 7 月 1 日

 **任务分解**

设置字符和段落格式，设置项目符号，插入表格，设置表格属性，表格格式化。

 核心知识点

字符格式，段落格式，项目符号，表格制作。

 操作步骤

（1）文字以电子文件方式提供，不用自己输入（表格除外）。

（2）排满一张 A4 纸。

（3）其中颜色的设置，接近即可。

（4）下面是排版的说明。

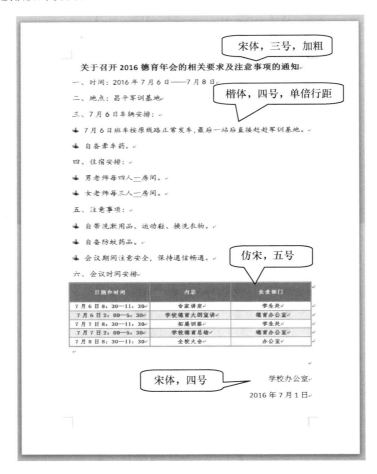

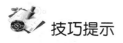 技巧提示

宋体字的特点是横细竖粗，黑体字的特点是横竖粗细一致。

 巩固一下

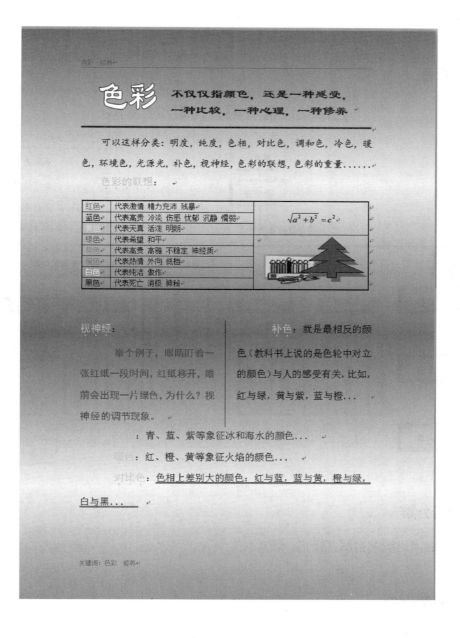

任务 15   组织结构图

 效果图

西部某股份有限公司组织结构图

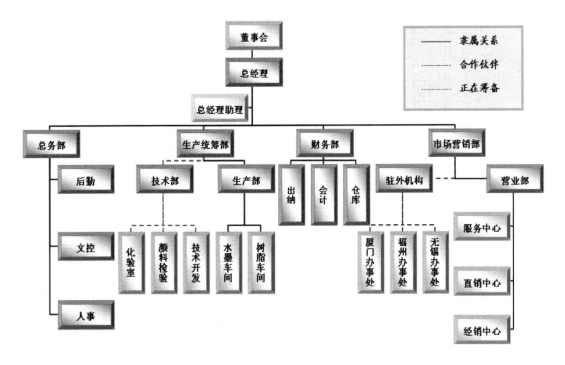

 任务分解

页面设置，组织结构图（样式、版式）。

核心知识点

插入组织结构图，增加项目，改变样式，文本框。

48

操作步骤

（1）插入｜SmartArt｜层次结构——组织结构图，在最上方的图形中输入"总经理"，然后选中该图形。

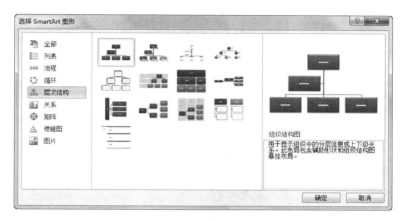

（2）SmartArt 工具｜设计｜添加形状——在上方添加形状，然后输入"董事会"。

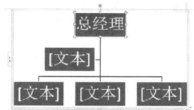

（3）选中"总经理"所在图形，SmartArt 工具｜设计｜布局——标准，将布局版式做改变。

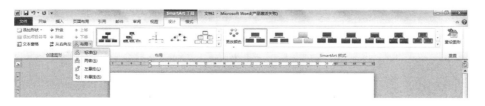

（4）选中"总经理"所在形状，SmartArt 工具｜设计｜添加形状——在下方添加形状，输入"市场营销部"。

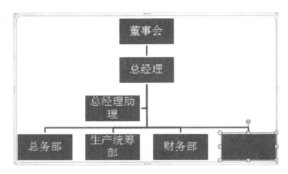

（5）选中整个组织结构图，SmartArt 工具｜设计｜SmartArt 样式——嵌入，改变外观。

（6）选中"董事会"所在图形，SmartArt 工具｜格式——形状填充，改变图形的颜色。

（7）余下部分的操作似上方。

技巧提示

如果图形中的文字多，又不想出现换行，可以选中文字，然后改变字号。

 巩固一下

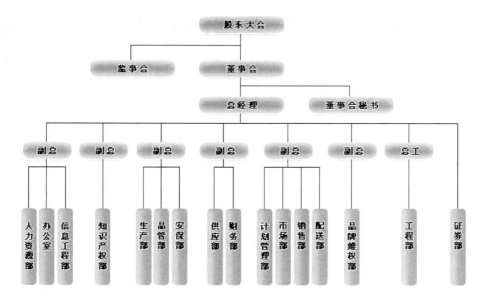

任务 16　成语幽默故事集

微课

 效果图

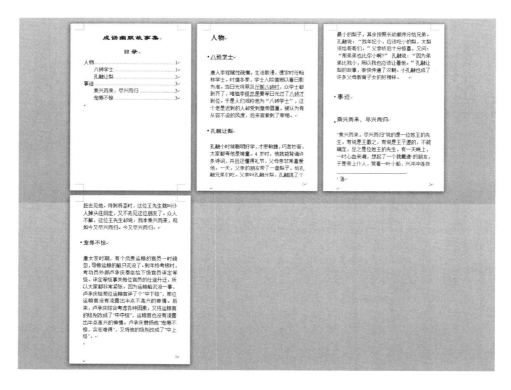

任务分解

页面设置，大纲视图，大纲级别，页码，生成目录，分页符，脚注。

 核心知识点

改变纸张大小和页边距，用格式刷快速设置字符格式和段落格式，设置段落的大纲级别，插入页码，插入目录，插入脚注。

 **制作步骤**

（1）打开"成语幽默故事集素材"。

人物
八砖学士
唐人李程赋性疏懒，生活散漫，德宗时任翰林学士。时值冬季，学士入院值班以看日影为准。当日光将照及厅前八砖时，众学士都到齐了，唯独李程总是要等日光过了八砖才到位。于是人们戏称他为"八砖学士"，这个老是迟到的人却受到皇帝器重，被认为有从容不迫的风度，后来官做到了宰相。
孔融让梨
孔融小时候聪明好学，才思敏捷，巧言妙答，大家都夸他是神童。4 岁时，他就能背诵许多诗词，并且还懂得礼节，父母亲非常喜爱他。一天，父亲的朋友带了一盘梨子，给孔融兄弟们吃。父亲叫孔融分梨，孔融挑了个最小的梨子，其余按照长幼顺序分给兄弟。孔融说："我年纪小，应该吃小的梨，大梨该给哥哥们。"父亲听后十分惊喜，又问："那弟弟也比你小啊？"孔融说："因为弟弟比我小，所以我也应该让着他。"孔融让梨的故事，很快传遍了汉朝。小孔融也成了许多父母教育子女的好榜样。
事迹
乘兴而来，尽兴而归
"乘兴而来，尽兴而归"说的是一位姓王的先生，有说是王徽之，有说是王子道的，不能确定，总之是位姓王的先生，有一天晚上，一时心血来潮，想起了一个就戴逵的朋友，一时兴起，驾着一叶小船，兴冲冲连夜赶去见他。待到将至时，这位王先生就叫仆人掉头往回走，又不去见这位朋友了。众人不解，这位王先生却说：我来乘兴而来，现如今又尽兴而归。今又尽兴而归。
宠辱不惊
唐太宗时期，有个负责运粮的官员一时疏忽，导致运粮的船只沉没了。到年终考核时，考功员外郎卢承庆奉命给下级官员评定等级。评定等级事关每位官员的仕途升迁，所以大家都非常紧张。因为运粮船沉没一事，卢承庆给那位运粮官评了个"中下级"，那位运粮官没有流露出半点不高兴的神情。后来，卢承庆综合考虑各种因素，又将运粮官的级别改成了"中中级"，运粮官也没有流露出半点高兴的神情。卢承庆赞扬他"宠辱不惊，实在难得"，又将他的级别改成了"中上级"。

（2）页面布局 | 纸张大小 | 其他页面大小——纸张，自定义大小，宽度：9 厘米，高度：13 厘米。

（3）页面布局 | 页边距 | 自定义边距，上、下：0.5 厘米，左、右：1 厘米。

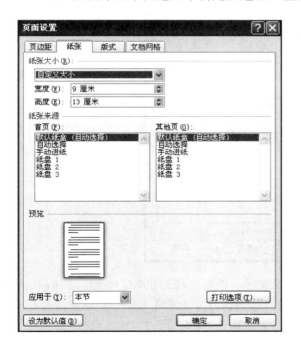

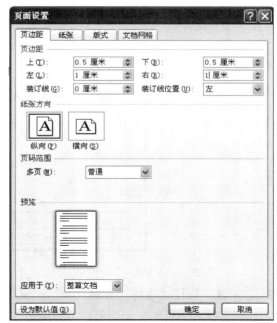

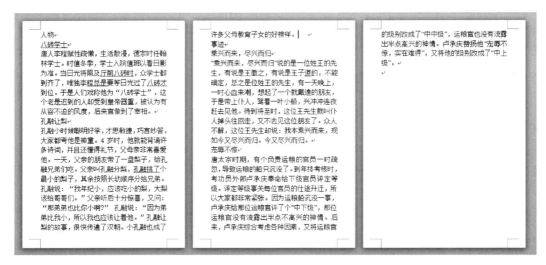

（4）选中"人物"和"事迹"，设置宋体、四号、加粗、居中，段前段后间距：6 磅。

　　（5）选中"八砖学士"，设置宋体、小四号、加粗、段前、段后间距：3 磅，然后双击格式刷 🖌，用格式刷将"孔融让梨"、"乘兴而来，尽兴而归"、"宠辱不惊"的格式做改变。

　　（6）插入│页码│页面底端，普通数字 3。

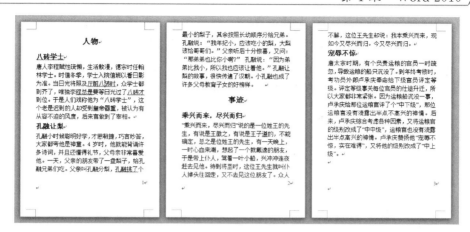

（7）页面布局｜页边距｜自定义页边距——版式，页眉：0.5厘米，页脚：0厘米。

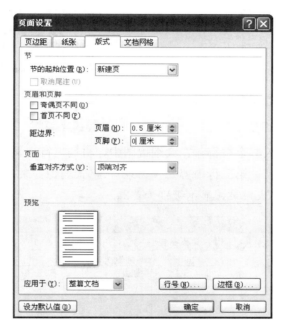

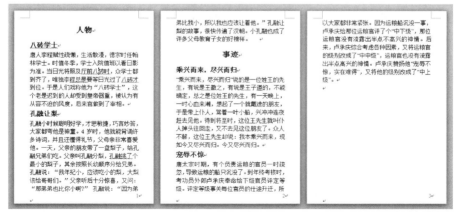

（8）在"戴逵"后单击，引用｜插入脚注，然后在页面的底端输入"逵"。

（9）在脚注中选中"逵"，单击 **变** 工具，为该字加注拼音。

（10）视图｜大纲视图，将"人物"、"事迹"定义为"1级"，将"八砖学士"、"孔融让梨"、"乘兴而来，尽兴而归"、"宠辱不惊"定义为"2级"，其余为"正文文本"，然后关闭大纲视图。

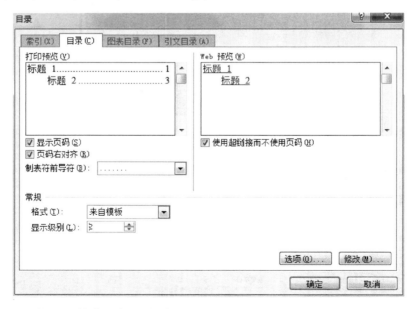

（11）在文件首部插入三个空行，在大纲视图中，将这三行定义为"正文文本"；第一行内容为"成语幽默故事集"，第二行内容为"目录"，格式均为：隶书、三号、居中；在第三行中，引用｜目录——插入目录，显示级别为：2。

（12）在目录的后面单击，插入｜分页。

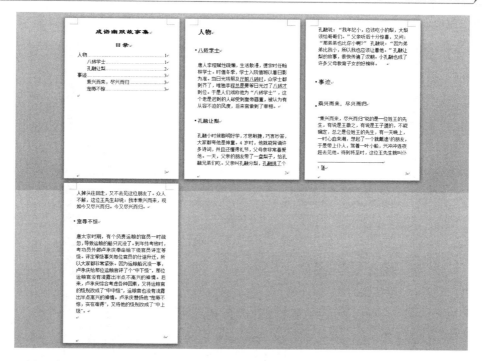

（13）插入｜页码——设置页码格式，起始页码：0。

（14）双击页码位置，勾选"首页不同"，实现第 1 页无页码显示。

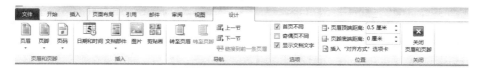

（15）在目录处右击，选择"更新域"——"只更新页码"。

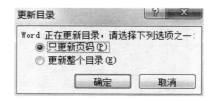

（16）完成。

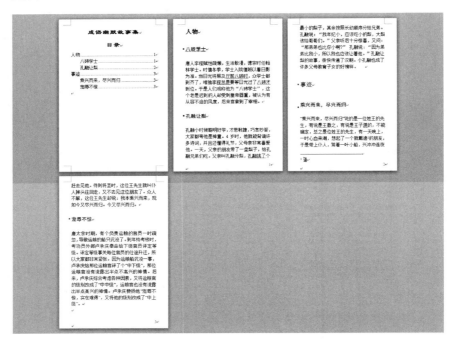

技巧提示

快速把下一行之后的内容放至下一页，可以用插入｜分页。

巩固一下

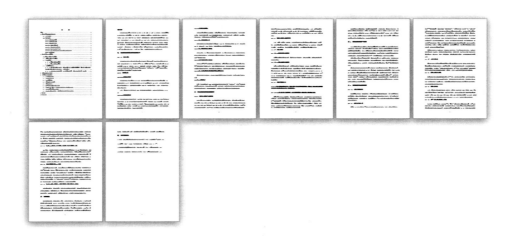

任务 17　录取通知书

微课

效果图

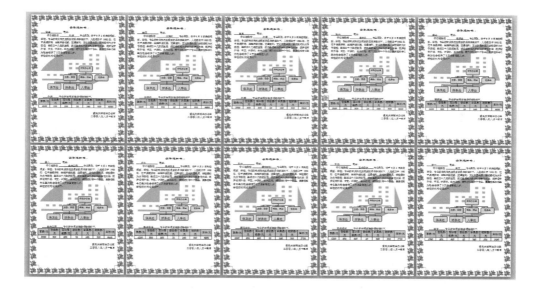

任务分解

组织结构图，表格，页面边框，邮件合并。

核心知识点

组织结构图，表格制作及格式化，边框，打印预览，邮件合并。

制作步骤

（1）打开"录取通知书素材"。

（2）在第 1 行输入"录取通知书"，设置格式：隶书、三号、居中；第 2 行输入
"　　　　同学："并为空格处添加下划线。

（3）插入│SmartArt——组织结构图。

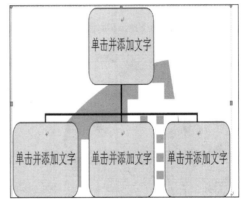

（4）输入文字。

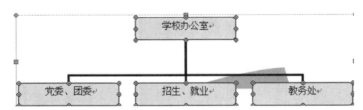

（5）选中第二层左侧图形，为其添加"下属"三次。

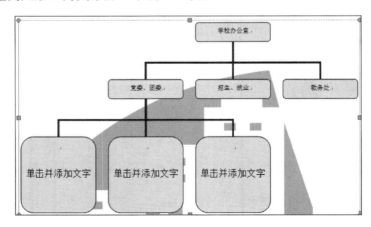

（6）设置图形的宽度和高度，并设置整个组织结构的"位置"为"四周形文字环绕"，然后移动组织结构至所需位置。

（7）输入其余内容，并设置表格底纹。

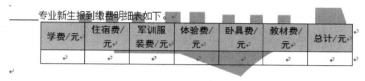

学费/元	住宿费/元	军训服装费/元	体验费/元	卧具费/元	教材费/元	总计/元

××大学招生办公室

（8）页面布局｜页面边框｜页面边框——艺术型，宽度：31 磅，在"选项"里设置边距，上下左右均为：0。

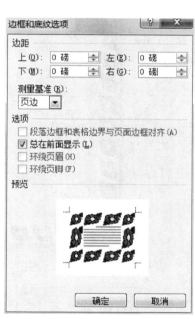

（9）邮件｜选择收件人｜使用现有列表，选择"表格素材"文件。

（10）分别在应该出现"姓名"、"专业"、"学费"……"总计"的地方，使用"插入合并域"。

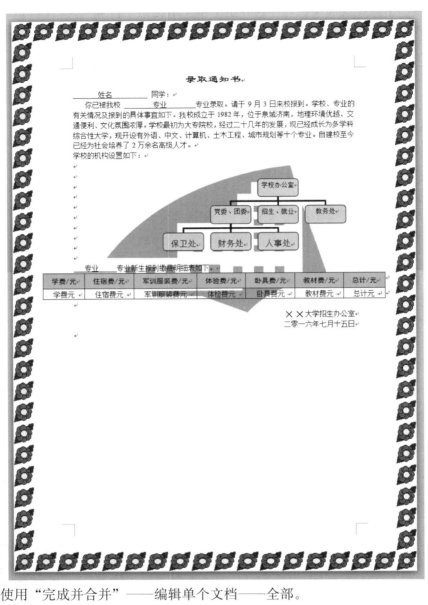

（11）使用"完成并合并"——编辑单个文档——全部。

（12）文件｜打印，可以看到有 10 页纸的效果。

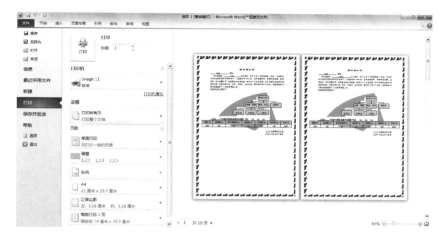

 **技巧提示**

邮件合并前的文档、合并后的文档分别保存。

巩固一下

	A	B	C	D	E	F	G
1	客户姓名	称谓	购买产品	通讯地址	联系电话	邮编	购买时间
2	李勇	先生	纽曼GPS导航仪	成都一环路南三段×号	028-854083××	610043	2009/10/27
3	田丽	女士	华硕253JR笔记本电脑	成都市五桂桥迎晖路 × 号	028-873925××	610025	2009/10/12
4	彭剑	先生	戴尔M1210笔记本电脑	成都市金牛区羊西线蜀西路×号	028-853156××	610087	2009/10/5
5	周娟	女士	尼康D80数码相机	成都高新区桂溪乡建设村 × 号	028-866279××	610010	2009/10/23

客户回访函

尊敬的**李勇**先生，您好！

感谢您对本公司产品的信任与支持，您购买的 **纽量 GPS 导航仪**，在使用过程中，有需要公司服务时，请拔打公司客户服务部电话。公司将为您提供优质、周到的服务。

谢谢！

××有限公司

2009 年 10 月 8 日

公司24小时服务热线：028-833355××

任务 18　论文排版

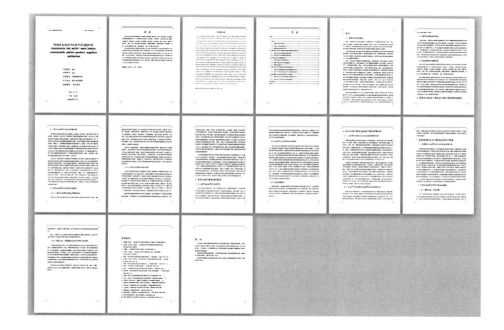

毕业论文排版要求

（一）**毕业论文用纸规格为 A4。** 正文版面为 38 行×38 字，行距为 1.25。一级标题小 2 号黑体，顶格书写，段前：0.5 行距、段后：0.5 行距；二级标题小 3 号黑体，缩进一格；三级标题 4 号黑体，缩进两格；正文 5 号宋体。

（二）**页眉、页码。** 毕业论文除封面及扉页外，各页均应加页眉、页码。

1. 页眉：页眉为论文题目，居中，小五号宋体，下加粗、细双线（粗线在上，宽 3 磅）。

2. 页码：页码为" n"，页面底端，居中，小五号宋体；摘要、目录等文前部分的页码用罗马数字单独编排，正文以后的页码用阿拉伯数字编排。

（三）**Word 文档中页面设置参考数值：** 页边距为——上：3.8cm，下：4.8cm，左：2.4cm，右：2.4cm，页眉：2.8cm，页脚：3.8cm；页面设置纸型 A4；页面设置文档网格每行 38 个字，每页 38 行；装订线位置：左侧，1.5cm。

 任务分解

字符格式，段落格式，页面设置，页眉页脚，分隔符，页码，目录。

 核心知识点

字体，字号，段前与段后间距，分隔符，页眉页脚，大纲级别，插入目录。

制作步骤

（1）打开文件"论文未排"。

（2）将插入点"摘要"的左侧，页面布局｜分隔符｜分节符——连续，实现在同一页上开始新节，"摘要"报在行之前被视为"第 1 节"，而从"摘要"开始被视为"第 2 节"，但是文档外观不会有变化。

（3）将插入点"前言"的左侧，页面布局｜分隔符｜分节符——连续，实现在同一页上开始新节，"前言"之后被视为"第 3 节"，但是文档外观不会有变化。

（4）将插入点置于在第 3 节的范围内，插入｜页码｜页面底端——普通数字 2，这时"前言"所在页的页码为"4"，但是按要求，应当为"1"，所以要设置页码的格式，在页码上右击，规定起始页码为"1"，至此实现正文以后用阿拉伯数字编排页码。

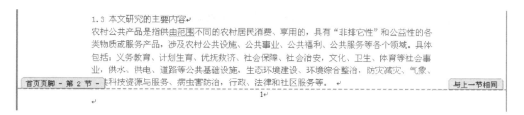

（5）将插入点置于在第 2 节的范围内，插入｜页码｜页面底端——普通数字 2，这时"前言"所在页的页码为"1"，但是按要求，应当为"Ⅰ"，所以要设置页码的格式，在页码上右击，规定编号格式如下，至此实现摘要、目录部分用罗马数字编排页码。

（6）页面布局｜页面设置，进行页边距、装订线、页眉页脚、文档网格的设置。

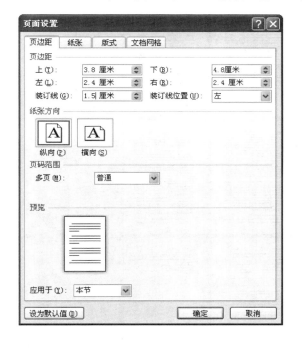

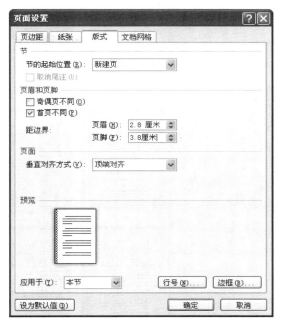

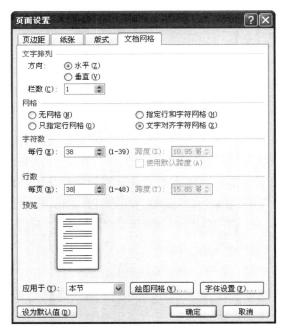

（7）完成论文中字体、字号、行距的设置，相同要求的设置，建议使用格式刷 ✍
（1XXX 为一级标题，1.1XXX 为二级标题，1.1.1XXX 为三级标题，摘要、前言、参考文献、致谢为一级标题）。

（8）视图｜大纲，完成大纲级别的设置。

（9）在第 2 节，英文摘要的后面输入"目录"。

（10）在目录的下方，引用｜目录｜插入目录。

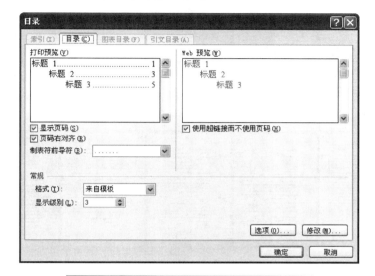

技巧提示

目录中的内容，也可以改变字符格式和段落格式。

巩固一下

任务 19　综合训练（一）

效果图

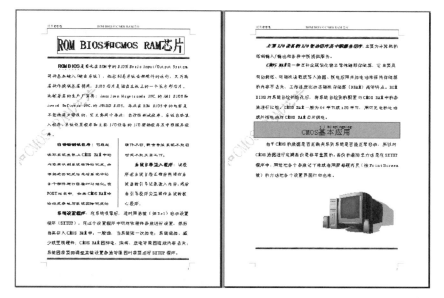

任务分解

　　页眉和页脚，艺术字，字符效果，字体设置，段落的行距，着重号，插入图片，加注拼音，分栏，边框和底纹。

核心知识点

　　页眉和页脚，行距调整，字符设置，插入艺术字，拼音，段落的边框和底纹。

说明和要求

　　（1）时间：40 分钟。

（2）输入除标题之外的所有文字（ROM BIOS……各个设置界面打印出来）。

（2）插入｜页眉，输入页眉内容，插入｜页脚，输入页脚的内容。

（3）在第1行之前插入一个空行（用来放艺术字形式的标题）。

（4）插入｜艺术字，用第1行第1列的式样，输入文字，字体：宋体，字号：36。

（5）选中艺术字所在的形状，绘图工具｜形状样式——彩色轮廓，红色，强调颜色2。

（6）选中艺术字所在的形状，绘图工具｜文本效果｜转换，"朝鲜鼓"。

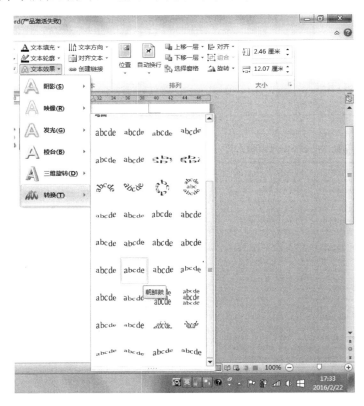

（7）用绘图工具栏的"阴影"按钮，为艺术字加上阴影效果。

（8）其余文字的设置为如下说明。

黑体，三号，加粗　　　　　　　　　　楷体，四号

ROM BIOS 是固化在ROM中的BIOS(Basic Input/Output System 简称基本输入/输出系统），控制着系统全部硬件的运行，又为高层软件提供基层调用，BIOS芯片是插在主板上的一个长方形芯片。比较著名的生产厂家有：American Megatrends INC.的 AMI BIOS 和

Award Software INC.的 AWARD BIOS。存放在 ROM BIOS 中的内容是不能被用户修改的，它主要用于存放：自诊断测试程序、系统自举装入程序、系统设置程序和主要 I/O 设备的 I/O 驱动程序及中断服务程序。

隶书，四号，加粗

自诊断测试程序：它通过读取系统主板上 CMOS RAM 中的内容来识别系统硬件的配置，并根据这些配置信息对系统中的各个部件进行自检和初始化。在 POST 过程中，如果 CMOS RAM 中的设置参数与系统实际配置的硬件不符，就

仿宋，四号，加粗

隶书，四号

会导致系统不能启动或不能正常工作。

系统自举装入程序：该程序在系统自检正确后将操作系统盘的引导记录读入内存，然后由引导程序安装操作系统的核心程序。

仿宋，四号

系统设置程序：在系统引导后，适时用热键（如 Del）启动设置程序（SETUP），在这个设置程序中可对软硬件参数进行设置，然后由其存入 CMOS RAM 中。一般地，当系统第一次加电；系统增加、减少或更换硬件；CMOS RAM 因掉电、病毒、放电等原因造成内容丢失；系统因需要而调整某些设置参数等原因时需要运行 SETUP 程序。

宋体，四号，加粗

宋体，四号

__主要 I/O 设备的 I/O 驱动程序及中断服务程序__：主要为计算机的低端输入/输出和各种中断提供服务。

CMOS RAM 是一种互补金属氧化物半导体随即存储器，它主要具有功耗低、可随机读取或写入数据、断电后用外加电池来保持存储器的内容不丢失、工作速度比动态随机存储器（DRAM）高等特点。ROM BIOS 对系统自检初始化后，将系统自检到的配置与 CMOS RAM 中的参数进行比较。CMOS RAM 一般为 64 字节或 128 字节，用可充电的电池或外接电池对 CMOS RAM 芯片供电。

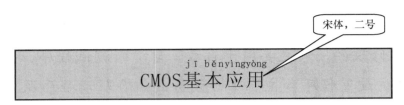

由于 CMOS 的数据是否正确关系到系统是否能正常启动，所以对 CMOS 数据进行定期备份是非常重要的。备份的最简单方法是在 SETUP 程序中，用笔把各个参数记下来或者用屏幕硬拷贝（按 Print Screen 键）的方法把各个设置界面打印出来。

（9）选中要添加着重号的文字，开始｜字体，着重号处由"无"改为"."。

（10）调整行距，让文字占满一张 A4 纸，选中除标题以外的所有文字，格式｜段落，行距——固定值，30 磅。

（11）插入｜图片，选择给定的图片文件，插入之后，对其设置为"四周环绕"，移到相应位置。

（12）拼音的添加方法：选中"基本应用"四个字，开始——拼音指南。

（13）边框和底纹的添加方法：选中"CMOS 基本应用"，页面布局｜页面边框——边框，底纹，请注意，它们的应用范围都是"段落"。

（14）效果图中那 4 条类似于横线的，是对矩形填充纹理效果得到的。

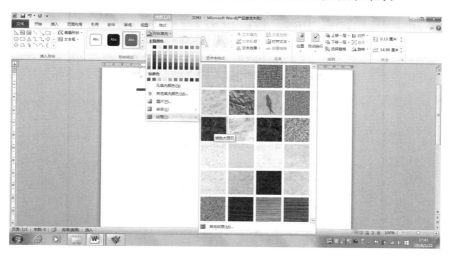

技巧提示

　　如果加注拼音的时候，没有在韵母上出现声调，而是在拼音尾部用 1234 来代替声调，我们可以用 [标准]，单击此处，出现

巩固一下

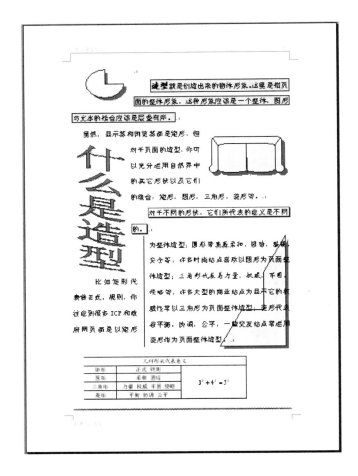

任务 20　综合训练（二）

微课

效果图

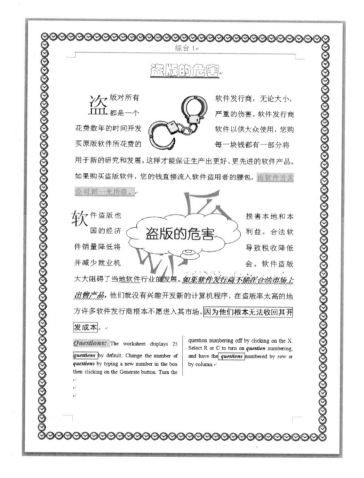

任务分解

　　页眉，字符效果，字体设置，段落的行距，首字下沉，插入图片，图形对象，下划线，分栏，字符的边框和底纹，页面边框，背景水印。

核心知识点

段落的行距，首字下沉，分栏，字符的边框和底纹。

 说明和要求

（1）时间：40 分钟。

（2）文字和图片以电子文件方式提供，不需要自己输入；如果图片是剪贴画库里所没有的，将以电子文件方式给出。

（3）用满一张 A4 纸。

（4）其中颜色的设置，接近即可。

（5）下面是排版的说明（如果中文中的字体和字号未做说明，可认为是宋体、四号；英文中的字体和字号未做说明，可认为是 Times New Roman、五号；字形由自己判断；若多处的设置一样，仅说明一处）。

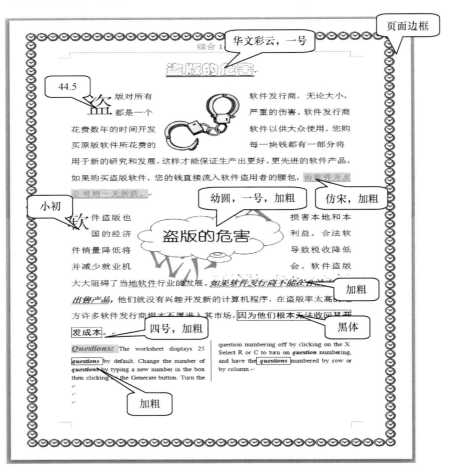

技巧提示

页面边框的宽度可以调整，数值在 0～31 之间。

巩固一下

任务 21　综合训练（三）

效果图

任务分解

页眉，字符效果，字体设置，段落的行距，首字下沉，插入图片，图形对象，下划线，分栏（不等宽），字符的边框和底纹，页面边框，背景水印，着重号。

核心知识点

段落的行距，首字下沉，分栏，字符的边框和底纹。

说明和要求

（1）时间：40 分钟。

（2）文字和图片以电子文件方式提供，不需要自己输入；如果图片是剪贴画库里所没有的，将以电子文件方式给出。

（3）满一张 A4 纸。

（4）其中颜色的设置，接近即可。

（5）下面是排版的说明（如果中文中的字体和字号未做说明，可认为是宋体、五号；英文中的字体和字号未做说明，可认为是 Times New Roman、五号；字形由自己判断；若多处的设置一样，仅说明一处）。

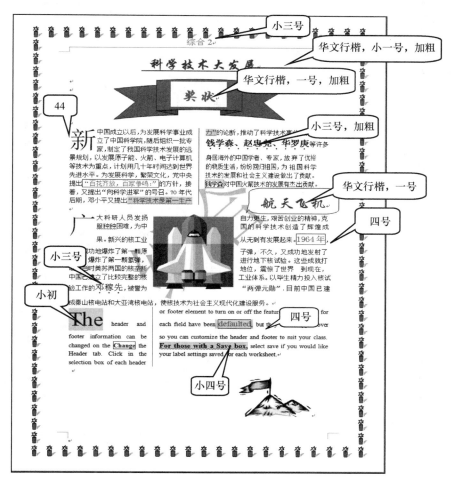

技巧提示

如果分栏操作执行后，只形成左侧的一栏，应当在分栏内容的前面插入一个分栏符。

巩固一下

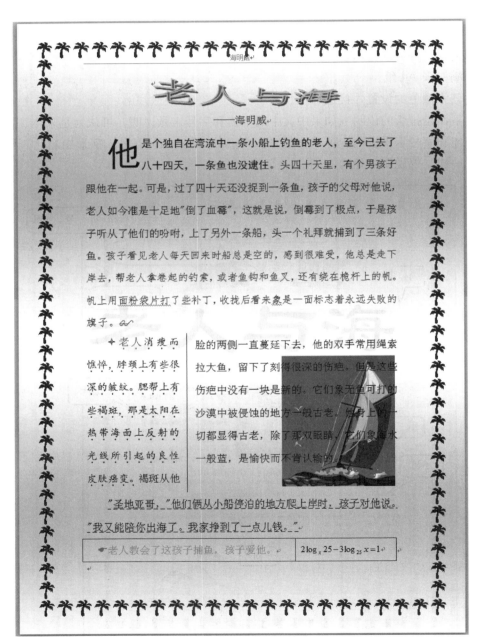

任务 22　综合训练（四）

效果图

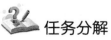

任务分解

　　页眉，艺术字，字符效果，字体设置，段落的行距，插入图片，下划线，分栏，字符的边框和底纹，页面边框，背景水印，着重号，屏幕输出。

 ## 核心知识点

分栏，屏幕输出，字符的边框和底纹。

 ## 说明和要求

（1）时间：30 分钟。

（2）文字和图片以电子文件方式提供，不用自己输入；如果图片是剪贴画库里所没有的，将也以电子文件方式给出。

（3）满一张 A4 纸。

（4）其中颜色的设置，接近即可。

（5）下面是排版的说明（如果文中的字体和字号未做说明，可认为是宋体、五号；字型由自己判断；若多处的设置一样，仅说明一处）。

（6）怎样进行屏幕输出：在键盘上有一个键 PrintScreen ，是将当前屏幕的显示输出的，放在剪贴板中。

（7）加工样张中的屏幕输出过程。

① 先将文字排版成下面形式：

② 按 PrintScreen 。

③ 打开"画图"程序。

④ 用"粘贴"，则输出的屏幕图像被粘贴到这个窗口里面，如下方的样子：

⑤ 用选择│矩形选择，将所需的部分圈定，使用"复制"按钮。

⑥ 回到刚才编辑的 Word 文档，使用"粘贴"按钮，则会出现：

综合 3

⑦ 现在这个图片还不能在文字当中任意移动，选中它，用图片工具│位置——"四周型环绕"，即可将该图移至所需位置。

综合 3

技巧提示

只有艺术字是可以改变填充颜色和线条颜色的。

巩固一下

兵 车 行

作者：杜甫

车辚辚，马萧萧，行人弓箭各在腰，
耶娘妻子[1]走相送，尘埃不见咸阳桥。
牵衣顿足拦道哭，哭声直上干[2]云霄。
道旁过者问行人，行人但云点行频[3]。
或从十五北防河，便至四十西营田。
去时里正[4]与裹头[5]，归来头白还戍边。
边亭流血成海水，武皇[6]开边意未已。
君不闻，汉家山东[7]二百州，千村万落生荆杞。
纵有健妇把锄犁，禾生陇亩无东西。
况复秦兵耐苦战，被驱不异犬与鸡。
长者虽有问，役夫敢申恨？
且如今年冬，未休关西卒。
县官急索租，租税从何出。
信知生男恶，反是生女好。
生女犹得嫁比邻，生男埋没随百草。
君不见，青海头，古来白骨无人收。
新鬼烦冤旧鬼哭，天阴雨湿声啾啾。

[1]妻子：妻和子女。
[2]干：犯，冲。
[3]点行频：一再按丁口册上的行次点名征发。
[4]里正：即里长。唐制：百户为一里，里有里正，管户口、赋役等事。
[5]与裹头：古以皂罗三尺裹头作头巾。因应征才年龄还小，故由里正替他裹头。
[6]武皇：汉武帝，他在历史上以开疆拓土著称。这里暗喻唐玄宗。
[7]山东：指华山以东，义同"关东"。

第2章

Excel 2010

任务 1　考勤记录

 **效果图**

		1	2	3	4	5	6	7	8	9	10	11	12	13	14	15	16	17	18	19	20	21	22	23	24	25	26	27	28	29	30	31

××科技集团技术部张兵2006年度考勤记录
单位 ××科技集团　　　姓名 张兵　　　年份 2006

一月：年假／病假／事假
二月：年假／病假／事假
三月：年假／病假／事假
四月：年假／病假／事假
五月：年假／病假／事假

年度累计：年假　　病假　　事假

 任务分解

表格标题，列标题，行标题，表格线，累计部分。

 核心知识点

"单元格命令"，改变行高与列宽。

 操作步骤

（1）新建一个工作簿。

（2）开始｜格式｜单元格，合并 B1：AH1 单元格，底纹"灰色"，输入标题的第一行，居中，宋体，12 磅。

（3）开始｜格式｜单元格，合并 B2：AH2 单元格，输入标题的第二行，用空格键来调整文字在单元格中的位置，达到与效果图一致。

（4）合并 B3：C3，设置"灰色"底纹。

（5）在 D3：AH3 分别输入 1～31，加灰色底纹，并将 D：AH 列的列宽设置为 3。

（6）合并 B4：B6，输入"一月"，并将文字的方向设置为"垂直"。

（7）在 C4：C6 中分别输入"年假"、"病假"、"事假"。

（8）按照上面步骤输入二月～五月的内容。

（9）为 B3：AH18 加上表格线，注意线型。

（10）合并 N19：P19，输入"年度累计："，合并 Q19：R19，输入"年假"，合并 S19：T19，按照此，合并、输入，完成"病假"、"事假"。

（11）为 Q19：AB19，加表格线。

（12）为 A1：AI19，加表格线，然后调整 A、AI 列的宽度。

（13）保存。

技巧提示

用"边框"中的不同选择，可以仅给选定的区域添加某一条线；"线条"的样式是固定的，粗细不能自己设置。

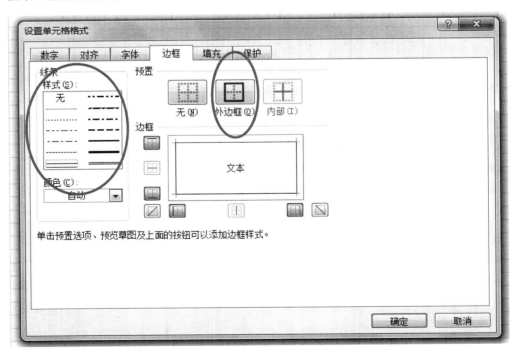

 巩固一下

供销学校作息时间表		
早上	起床	6：00
	集体早操	6：30
	早读	7：00
	早餐	7：30
上午	第一节	8：20～9：05
	第二节	9：15～10：00
	第三节	10：20～11：05
	第四节	11：15～12：00
中午	午餐	12：00～12：30
下午	第一节	14：00～14：45
	第二节	14：55～15：40
晚上	晚餐	17：30
	晚自习	19：00～20：00
	放学	20：00
合理作息制度，开发同学们的聪明才智！		

任务 2 营养食谱

营养食谱							
	星期一	星期二	星期三	星期四	星期五	星期六	星期日
早餐	牛奶	八宝粥	酸奶	麦片	绿豆粥	豆浆	馄饨
	蛋糕	豆沙包	包子	油条	糖包	煎饼	馅饼
午餐	米饭	馒头	大饼	米饭	馒头	米饭	米饭
	红烧肉	香菇炖小鸡	清蒸鱼	糖排骨	宫爆鸡丁	孜然羊肉	红烧带鱼
	清炒油菜	尖椒土豆丝	家常豆腐	酸辣白菜	素菜丸子	麻婆豆腐	鸡蛋炒菠菜
晚餐	鸡蛋打卤面	河南烩面	鸡蛋炒饼	汤面条	馒头	兰州拉面	蒸包子
	鱼香肉丝	肉丝拉皮	清炒油麦菜	肉片冬瓜	回锅肉	煮花生	凉拌拉皮
	凉拌海带丝	小葱拌豆腐	紫菜汤	芹菜炒鸡蛋	青椒肉丝	鸡蛋炒韭菜	西红柿鸡蛋汤

任务分解

输入文字，合并单元格，调整单元格的高与宽，文字修饰，插入剪贴画，添加表格线。

核心知识点

调整行高和列宽，合并单元格，表格边框线的添加。

操作步骤

（1）新建一个工作簿。

（2）在 A1 中输入"营养食谱"。

（3）在 B3～H3 中输入星期一～星期日。

（4）在 A4，A6，A9 中分别输入"早餐""午餐""晚餐"。

（5）在 B4～H11 中分别按照效果图内容输入。

（6）选中 A1～H2，合并单元格，水平和垂直方向"居中"。

（7）选中 A4 和 A5，合并单元格，水平和垂直方向"居中"。

（8）选中 A6～A8，合并单元格，水平和垂直方向"居中"。

（9）选中 A9～A11，合并单元格，水平和垂直方向"居中"。

（10）设置 A 列的文字，华文行楷，12 磅。

（11）设置标题，隶书，24 磅。

（12）设置星期一～星期日，华文彩云，12 磅。

（13）表格中其他文字，宋体，12 磅。

（14）用开始｜格式｜单元格，图案，为星期一～星期日，添加"灰色"底纹。

（15）插入｜图片｜剪贴画，食物类。

（16）分别选中每一天的每一餐，添加"外边框"，⊞ 。

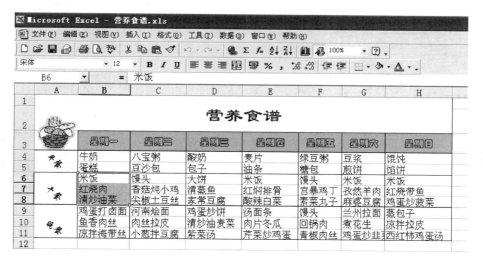

（17）为标题加"外边框"，⊞ 。

（18）保存。

 技巧提示

合并单元格，水平和垂直方向"居中"，可以使用"格式"工具栏的"合并及居中"。

 巩固一下

2006 年 1 月						
SUN	MON	TUE	WED	THU	FRI	SAT
1	2	3	4	5	6	7
8	9	10	11	12	13	14
15	16	17	18	19	20	21
22	23	24	25	26	27	28
29	30	31				

2006 年 2 月						
SUN	MON	TUE	WED	THU	FRI	SAT
			1	2	3	4
5	6	7	8	9	10	11
12	13	14	15	16	17	18
19	20	21	22	23	24	25
26	27	28				

精彩日历

任务 3　课程表制作

 效果图

XX班第2学期 课程表

节次 / 课程 / 星期	周一 Monday	周二 Tuesday	周三 Wednesday	周四 Thursday	周五 FRIDAY	备注
1~2	语文	数学	生物	数学	化学	(1)作息时间调整：11月20日后调整为冬季作息时间制。
3~4	物理	英语	语文	体育	历史	
5~6	体育	地理	英语	自习	政治	(2)寒假放假时间为1月30日。
7~8	班会/校会	化学、数学小组活动		英语辅导课		
注意	早7：10升旗			做好离校前的值日		

 任务分解

文字输入，表格设置，文字设置。

 核心知识点

字符格式，单元格格式。

 操作步骤

（1）首先输入单元格中的所有文字（包括中文、英文和数字，表头除外）。

（2）调整单元格大小：选中第1行，在"格式"→"行"中选中"行高"，设置行高为43.5，同样的方法设置后几行行高40.5，第A列的列宽为14.5，其他列的列宽为13。

（3）创建表头：Excel中没有像Word中那样的绘制斜线表头的工具，但可以用直线段和文本框来实现：

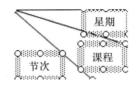

（4）外边框设置：选中所有单元格，选择"格式"→"单元格"，在弹出的对话框中选择"边框"选项卡，在"线型"中选择双线，然后在"预置"中选择"外边框"（或用鼠标点击下方图中外边框的位置）。

（5）内边框设置：选择 A2：A7，通过上述过程设置该区域的右边框为橙色虚线，其他内边框为黑细实线。通过类似方法设置表格上其他区域的内边框线（包括黑色单实线、绿色粗点划线、蓝色细虚线几种）。

（6）合并 A1：G1 并居中，可以使用 按钮或在"单元格格式"对话框中"对齐"选项卡中的"居中"（水平）和"合并单元格"选项。同样方法合并 G3：G7，并使其中的文字左对齐（水平）且能"自动换行"。

（7）选中 B3：F5，在"单元格格式"对话框中"填充"选项卡中选择合适的填充颜色；选择 B6：F6，设置合适的填充图案。

（8）最后设置表格上所有字的字体、字形、字号和字色。使用的中文字体有：宋体、楷体、华文彩云、华文琥珀、方正姚体；英文字体有：Harlow Solid Italic、Lucida Calligraphy、Ravie、Vivaldi 和 Algerian；数字字体为：Informal Roman。

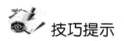 技巧提示

表格"节次"内容用全角格式。

 巩固一下

设计自己所在班级的课程表、人名单等表格，要求格式新颖、美观。

任务 4　成绩统计表

效果图

2005~2006学年　第2学期　XX班期末考试成绩统计表									
学号	姓名	语文	数学	英语	政治	历史	地理	生物	总分	名次
10452	周　晶	79.0	97.0	97.5	87.0	73.0	73.0	62.0	568.5	5
10453	王 小 明	74.0	95.0	100.0	84.0	76.0	84.0	66.0	579.0	4
10454	李　育	85.0	99.0	100.0	90.0	98.0	89.0	86.0	647.0	1
10455	张 瑞 丽	67.0	93.0	96.0	71.0	60.0	81.0	61.0	529.0	8
10456	吕　欣	72.0	89.0	94.0	93.0	69.0	79.0	48.0	544.0	7
10457	郑　芳	73.0	95.0	95.5	81.0	95.0	81.0	62.0	582.5	3
10458	吴　帆	70.0	88.0	88.5	84.0	50.0	58.0	49.0	487.5	9
10459	宋 天 天	72.0	95.0	100.0	83.0	59.0	75.0	72.0	556.0	6
10460	田　英	82.0	93.0	99.0	78.0	74.0	80.0	77.0	583.0	2
技术指标	最高分	85.0	99.0	100.0	93.0	98.0	89.0	86.0		
	最低分	67.0	88.0	88.5	71.0	50.0	58.0	48.0		
	平均分	74.9	93.8	96.7	83.4	72.7	77.8	64.8		
	总　分	674.0	844.0	870.5	751.0	654.0	700.0	583.0	5076.5	

任务分解

函数计算，条件格式。

核心知识点

函数（SUM、MIN、MAX、RANK、AVERAGE），条件格式。

操作步骤

（1）选中 J3 单元格，输入公式："＝SUM（C3：I3）"并回车，此公式用于计算第一位学生的总分。

（2）选中 K3 单元格，输入公式：＝RANK（J3，＄J＄3：＄J＄11），计算出第一位学生总分成绩的名次。

（3）同时选中 J3 和 K3 单元格，将鼠标移至 K3 单元格右下角的成"细十字"状时（通常称这种状态为"填充柄"状态），按住左键向下拖拉至 K11 单元格，完成其他学生的总分

及名次的统计处理工作

（4）在 C12、C13 单元格中分别输入公式：“＝MAX（C3：C11）”和“＝MIN（C3：C11）”，用于统计“语文”学科的最高分和最低分。

（5）选中 C14 单元格，输入公式“＝AVERAGE（C3：C11）”，用于统计“语文”学科的平均分。选中 C15 单元格，输入公式“＝SUM（C3：C62）”，用于统计“语文”学科的总分。

（6）同时选中 C3 到 C11 单元格，用“填充柄”将上述公式复制右侧其他单元格中，完成其他学科及总分的最高分、最低分、平均分和总分的统计工作。

（7）选定成绩区域，利用条件格式，分别将不同分数段的数值用不同的颜色表现出来：开始｜条件格式｜新建规则，条件分别设定成：

条件 1：数值 大于或等于 85　蓝色

条件 2：数值 介于 75　与 85　绿色

条件 3：数值 小于 60　　　　红色

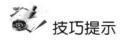 技巧提示

RANK 函数中使用了绝对地址，它不随当前地址的变化而变化。

 巩固一下

销售额＼月份　产品	XX公司2005年上半年销售情况统计表							
	一月	二月	三月	四月	五月	六月	总额	占总销售额（H7）百分比
蔬菜	45623.0	36547.0	12549.0	64541.0	69862.0	75623.0		
粮食	26458.0	26589.0	21365.0	24756.0	13654.0	25646.0		
饮料	12362.0	9654.0	10032.0	12463.0	10002.0	11035.0		
家禽	36547.0	24756.0	10002.0	36547.0	26458.0	36534.0		
合计								
占上半年总额百分比								

任务 5 爱心助学捐款数额统计表

效果图

日期	教学一支部	教学二支部	个人	匿名	合计	增长率
爱心助学捐款数额统计表						
捐款总额		42500.00	总平均额（元/日）		7083.33	
总时间（日）		6			单位：元	
日期	教学一支部	教学二支部	个人	匿名	合计	增长率
5月15日	¥ 2,200.00	¥ 2,400.00	¥ 800.00	¥ 500.00	¥ 5,900.00	
5月16日	¥ 2,300.00	¥ 1,800.00	¥ 600.00	¥ 800.00	¥ 5,500.00	-6.78%
5月17日	¥ 3,500.00	¥ 2,600.00	¥ 600.00	¥ 400.00	¥ 7,100.00	29.09%
5月18日	¥ 2,000.00	¥ 3,800.00	¥ 1,200.00	¥ 5,000.00	¥ 12,000.00	69.01%
5月19日	¥ 2,800.00	¥ 3,300.00	¥ 1,200.00	¥ 1,300.00	¥ 8,600.00	-28.33%
5月20日			¥ 800.00	¥ 2,600.00	¥ 3,400.00	-60.47%
合计	¥ 12,800.00	¥ 13,900.00	¥ 5,200.00	¥ 10,600.00	¥ 42,500.00	
平均额（元/日）	¥ 2,133.33	¥ 2,316.67	¥ 866.67	¥ 1,766.67	¥ 7,083.33	

任务分解

输入数据，编辑工作表格式，公式。

核心知识点

编辑工作表格式，公式。

操作步骤

（1）启动 Excel 工作簿，建立"爱心助学捐款数额统计表"。

爱心助学捐款数额统计表						
捐款总额			总平均额（元/日）			
总时间(日)					单位：元	
日期	教学一支部	教学二支部	个人	匿名	合计	增长率
5月15日	¥ 2,200.00	¥ 2,400.00	¥ 800.00	¥ 500.00		
5月16日	¥ 2,300.00	¥ 1,800.00	¥ 600.00	¥ 800.00		
5月17日	¥ 3,500.00	¥ 2,600.00	¥ 600.00	¥ 400.00		
5月18日	¥ 2,000.00	¥ 3,800.00	¥ 1,200.00	¥ 5,000.00		
5月19日	¥ 2,800.00	¥ 3,300.00	¥ 1,200.00	¥ 1,300.00		
5月20日			¥ 800.00	¥ 2,600.00		
合计						
平均额(元/日)						

（2）用函数的方法计算"合计"、"平均额"、"捐款总额"、"总平均额"、"总时间"。

爱心助学捐款数额统计表						
捐款总额			总平均额（元/日）			
总时间(日)					单位：元	
日期	教学一支部	教学二支部	个人	匿名	合计	增长率
5月15日	¥ 2,200.00	¥ 2,400.00	¥ 800.00	¥ 500.00	=SUM(B5:E5)	
5月16日	¥ 2,300.00	¥ 1,800.00	¥ 600.00	¥ 800.00	SUM(number1, [number2], ...)	
5月17日	¥ 3,500.00	¥ 2,600.00	¥ 600.00	¥ 400.00		
5月18日	¥ 2,000.00	¥ 3,800.00	¥ 1,200.00	¥ 5,000.00		
5月19日	¥ 2,800.00	¥ 3,300.00	¥ 1,200.00	¥ 1,300.00		
5月20日			¥ 800.00	¥ 2,600.00		
合计						
平均额(元/日)						

爱心助学捐款数额统计表						
捐款总额			总平均额（元/日）			
总时间(日)					单位：元	
日期	教学一支部	教学二支部	个人	匿名	合计	增长率
5月15日	¥ 2,200.00	¥ 2,400.00	¥ 800.00	¥ 500.00	¥ 5,900.00	
5月16日	¥ 2,300.00	¥ 1,800.00	¥ 600.00	¥ 800.00		
5月17日	¥ 3,500.00	¥ 2,600.00	¥ 600.00	¥ 400.00		
5月18日	¥ 2,000.00	¥ 3,800.00	¥ 1,200.00	¥ 5,000.00		
5月19日	¥ 2,800.00	¥ 3,300.00	¥ 1,200.00	¥ 1,300.00		
5月20日			¥ 800.00	¥ 2,600.00		
合计	=SUM(B5:B14)					
平均额(元/日)	SUM(number1, [number2], ...)					

爱心助学捐款数额统计表

日期	捐款总额		总平均额 （元/日）			
总时间（日）					单位：元	
日期	教学一支部	教学二支部	个人	匿名	合计	增长率
5月15日	￥ 2,200.00	￥ 2,400.00	￥ 800.00	￥ 500.00	￥ 5,900.00	
5月16日	￥ 2,300.00	￥ 1,800.00	￥ 600.00	￥ 800.00	￥ 5,500.00	
5月17日	￥ 3,500.00	￥ 2,600.00	￥ 600.00	￥ 400.00	￥ 7,100.00	
5月18日	￥ 2,000.00	￥ 3,800.00	￥ 1,200.00	￥ 5,000.00	￥ 12,000.00	
5月19日	￥ 2,800.00	￥ 3,300.00	￥ 1,200.00	￥ 1,300.00	￥ 8,600.00	
5月20日			￥ 800.00	￥ 2,600.00	￥ 3,400.00	
合计	￥ 12,800.00	￥ 13,900.00	￥ 5,200.00	￥ 10,600.00	￥ 42,500.00	
平均额（元/日）	=AVERAGE(B5:B10)					
	AVERAGE(**number1**, [number2], ...)					

爱心助学捐款数额统计表

日期	捐款总	=SUM(F5:F10)	（元/日）			
总时间（日）	SUM(**number1**, [number2], ...)				单位：元	
日期	教学一支部	教学二支部	个人	匿名	合计	增长率
5月15日	￥ 2,200.00	￥ 2,400.00	￥ 800.00	￥ 500.00	￥ 5,900.00	
5月16日	￥ 2,300.00	￥ 1,800.00	￥ 600.00	￥ 800.00	￥ 5,500.00	
5月17日	￥ 3,500.00	￥ 2,600.00	￥ 600.00	￥ 400.00	￥ 7,100.00	
5月18日	￥ 2,000.00	￥ 3,800.00	￥ 1,200.00	￥ 5,000.00	￥ 12,000.00	
5月19日	￥ 2,800.00	￥ 3,300.00	￥ 1,200.00	￥ 1,300.00	￥ 8,600.00	
5月20日			￥ 800.00	￥ 2,600.00	￥ 3,400.00	
合计	￥ 12,800.00	￥ 13,900.00	￥ 5,200.00	￥ 10,600.00	￥ 42,500.00	
平均额（元/日）	￥ 2,560.00	￥ 2,780.00	￥ 866.67	￥ 1,766.67	￥ 7,083.33	

爱心助学捐款数额统计表

日期	捐款总额	42500.00	总平均额 （元/日）	=AVERAGE(F5:F10)		
总时间（日）				AVERAGE(**number1**, [numb		
日期	教学一支部	教学二支部	个人	匿名	合计	增长率
5月15日	￥ 2,200.00	￥ 2,400.00	￥ 800.00	￥ 500.00	￥ 5,900.00	
5月16日	￥ 2,300.00	￥ 1,800.00	￥ 600.00	￥ 800.00	￥ 5,500.00	
5月17日	￥ 3,500.00	￥ 2,600.00	￥ 600.00	￥ 400.00	￥ 7,100.00	
5月18日	￥ 2,000.00	￥ 3,800.00	￥ 1,200.00	￥ 5,000.00	￥ 12,000.00	
5月19日	￥ 2,800.00	￥ 3,300.00	￥ 1,200.00	￥ 1,300.00	￥ 8,600.00	
5月20日			￥ 800.00	￥ 2,600.00	￥ 3,400.00	
合计	￥ 12,800.00	￥ 13,900.00	￥ 5,200.00	￥ 10,600.00	￥ 42,500.00	
平均额（元/日）	￥ 2,560.00	￥ 2,780.00	￥ 866.67	￥ 1,766.67	￥ 7,083.33	

爱心助学捐款数额统计表

	A	B	C	D	E	F	G
1							
2	捐款总额		42500.00	总平均额（元/日）		7083.33	
3	总时间（		=COUNT(F5:F10)			单位：元	
4	日期	教学一支部	COUNT(value1, [value2], ...)	人	匿名	合计	增长率
5	5月15日	¥ 2,200.00	¥ 2,400.00	¥ 800.00	¥ 500.00	¥ 5,900.00	
6	5月16日	¥ 2,300.00	¥ 1,800.00	¥ 600.00	¥ 800.00	¥ 5,500.00	
7	5月17日	¥ 3,500.00	¥ 2,600.00	¥ 600.00	¥ 400.00	¥ 7,100.00	
8	5月18日	¥ 2,000.00	¥ 3,800.00	¥ 1,200.00	¥ 5,000.00	¥ 12,000.00	
9	5月19日	¥ 2,800.00	¥ 3,300.00	¥ 1,200.00	¥ 1,300.00	¥ 8,600.00	
10	5月20日			¥ 800.00	¥ 2,600.00	¥ 3,400.00	
11							
12							
13							
14							
15	合计	¥ 12,800.00	¥ 13,900.00	¥ 5,200.00	¥ 10,600.00	¥ 42,500.00	
16	平均额(元/日)	¥ 2,560.00	¥ 2,780.00	¥ 866.67	¥ 1,766.67	¥ 7,083.33	

（3）用公式的方法计算"增长率"，增长率＝（后一天捐款数额总计－前一天捐款数额总计）/前一天捐款数额总计，注意单元格数字格式设置为"百分比，保留两位小数"。

技巧提示

（1）计算总分（SUM）、排名（RANK）、平均分（AVERAGE）。

（2）根据排名计算奖学金：排名在前三名的分别得到 300、200、100 元奖学金，J2＝IF（I2＜＝3，CHOOSE（I2,"300元","200元","100元"),"无奖学金"）。

（3）计算"大于平均分人数"，C15＝COUNTIF（C2：C13,"＞＝"&C14）。

（4）在附表中能自动显示最高分及最低分学生信息。

・B21＝MAX（H2：H13）

・C21＝MIN（H2：H13）

・B19＝INDEX（＄A＄2：＄A＄13,(MATCH（B21,＄H＄2：＄H＄13,0)),1）

・B20＝INDEX（＄B＄2：＄B＄13,(MATCH（B21,＄H＄2：＄H＄13,0)),1）

・C19＝＝INDEX（＄A＄2：＄A＄13,(MATCH（C21,＄H＄2：＄H＄13,0)),1）

・C20＝INDEX（＄B＄2：＄B＄13,(MATCH（C21,＄H＄2：＄H＄13,0)),1）

巩固一下

	A	B	C	D	E	F	G	H	I	J
1	考号	姓名	数学	计算机	英语	语文	生物	总分	排名	奖学金
2	0001	李晓明	85.0	75.0	78.0	78.0	65.0	381.0	4	无奖学金
3	0002	江苏明	78.0	89.0	98.0	98.0	80.0	443.0	2	200元
4	0003	林玉梅	89.0	56.0	65.0	89.0	67.0	366.0	8	无奖学金
5	0004	陈山	77.0	68.0	78.0	58.0	65.0	346.0	11	无奖学金
6	0005	赵林	85.0	89.0	65.0	54.0	79.0	372.0	6	无奖学金
7	0006	罗小南	89.0	58.0	56.0	88.0	86.0	377.0	5	无奖学金
8	0007	陈伟强	89.0	56.0	89.0	65.0	32.0	331.0	12	无奖学金
9	0008	李华文	94.0	93.0	92.0	99.0	89.0	467.0	1	300元
10	0009	林松泉	88.0	63.0	58.0	67.0	79.0	355.0	10	无奖学金
11	0010	高玉成	78.0	60.0	98.0	68.0	68.0	372.0	6	无奖学金
12	0011	陈清	89.0	78.0	93.0	62.0	65.0	387.0	3	100元
13	0012	李忠	69.0	78.0	67.0	90.0	56.0	360.0	9	无奖学金
14	平均分		84.2	71.9	78.1	76.3	69.3	379.8		
15	大于平均分人数		8	6	5	6	5	4		
16										
17	附表：									
18			最高分	最低分						
19	考号		0008	0007						
20	姓名		李华文	陈伟强						
21	总分		467.0	331.0						

任务6 公司人事档案

效果图

	A	B	C	D	E	F	G
1				公司人事档案			
2	姓名	职位	年龄	性别	年薪	学历	雇用日期
3	郭强	总经理	25	男	￥ 200,000	硕士	2005.7
4		总经理 汇总			￥ 200,000		
5	陈泽楷	业务员	27	男	￥ 20,000	学士	2005.7
6	王明明	业务员	35	男	￥ 30,000	学士	2005.7
7	胡巍浩	业务员	38	男	￥ 40,000	学士	2005.7
8	卢州	业务员	46	男	￥ 50,000	学士	2005.7
9	余陵	业务员	58	女	￥ 60,000	学士	2005.7
10		业务员 汇总			￥ 200,000		
11	陈楚	秘书	34	女	￥ 110,000	学士	2005.7
12	王浩	秘书	30	男	￥ 120,000	学士	2005.7
13		秘书 汇总			￥ 230,000		
14	赵明伟	副总经理	28	男	￥ 130,000	学士	2005.7
15	高维松	副总经理	25	男	￥ 140,000	学士	2005.7
16	张雅蕊	副总经理	23	女	￥ 150,000	学士	2005.7
17		副总经理 汇总			￥ 420,000		
18	欧阳帆	部门经理	28	女	￥ 70,000	学士	2005.7
19	田钟	部门经理	59	男	￥ 80,000	学士	2005.7
20	朱洲	部门经理	38	男	￥ 100,000	学士	2005.7
21		部门经理 汇总			￥ 250,000		
22		总计			￥ 1,300,000		
23							

任务分解

创建工作表（输入数据、编辑工作表格式），数据排序，数据筛选，数据分类汇总。

核心知识点

创建工作表，数据排序，数据筛选，数据分类汇总。

操作步骤

（1）启动 Excel 工作簿，建立"公司人事档案表"。

（2）数据丨排序，弹出"排序"对话框。

（3）单击"确定"按钮。

	A	B	C	D	E	F	G
1	公司人事档案						
2	姓名	职位	年龄	性别	年薪	学历	雇用日期
3	陈泽楷	业务员	27	男	¥20,000	学士	2005.7
4	王明明	业务员	35	男	¥30,000	学士	2005.7
5	胡巍浩	业务员	38	男	¥40,000	学士	2005.7
6	卢州	业务员	46	男	¥50,000	学士	2005.7
7	余陵	业务员	58	女	¥60,000	学士	2005.7
8	欧阳帆	部门经理	28	女	¥70,000	学士	2005.7
9	田钟	部门经理	59	男	¥80,000	学士	2005.7
10	朱洲	部门经理	38	男	¥100,000	学士	2005.7
11	陈楚	秘书	34	女	¥110,000	学士	2005.7
12	王洁	秘书	30	男	¥120,000	学士	2005.7
13	赵明伟	副总经理	28	男	¥130,000	学士	2005.7
14	高维松	副总经理	25	男	¥140,000	学士	2005.7
15	张雅蕊	副总经理	23	女	¥150,000	学士	2005.7
16	郭强	总经理	25	男	¥200,000	硕士	2005.7

（4）数据丨筛选，例如：筛选出"职位＝业务员"的所有记录，则单击在"职位"右侧的下拉按钮，从"下拉列表"中选择"业务员"，显示筛选的结果。

	A	B	C	D	E	F	G
1	公司人事档案						
2	姓名	职位	年龄	性别	年薪	学历	雇用日期
3	陈泽楷	业务员	27	男	¥20,000	学士	2005.7
4	王明明	业务员	35	男	¥30,000	学士	2005.7
5	胡巍浩	业务员	38	男	¥40,000	学士	2005.7
6	卢州	业务员	46	男	¥50,000	学士	2005.7
7	余陵	业务员	58	女	¥60,000	学士	2005.7

（5）单击在"职位"右侧的下拉按钮，从"下拉列表"中选择"全选"，显示所有记录。

	A	B	C	D	E	F	G
1	公司人事档案						
2	姓名	职位	年龄	性别	年薪	学历	雇用日期
3	陈泽楷	业务员	27	男	¥20,000	学士	2005.7
4	王明明	业务员	35	男	¥30,000	学士	2005.7
5	胡巍浩	业务员	38	男	¥40,000	学士	2005.7
6	卢州	业务员	46	男	¥50,000	学士	2005.7
7	余陵	业务员	58	女	¥60,000	学士	2005.7
8	欧阳帆	部门经理	28	女	¥70,000	学士	2005.7
9	田钟	部门经理	59	男	¥80,000	学士	2005.7
10	朱洲	部门经理	38	男	¥100,000	学士	2005.7
11	陈楚	秘书	34	女	¥110,000	学士	2005.7
12	王浩	秘书	30	男	¥120,000	学士	2005.7
13	赵明伟	副总经理	28	男	¥130,000	学士	2005.7
14	高维松	副总经理	25	男	¥140,000	学士	2005.7
15	张雅蕊	副总经理	23	女	¥150,000	学士	2005.7
16	郭强	总经理	25	男	¥200,000	硕士	2005.7

（6）例如：筛选出"年薪＞10 万"以上的员工记录，则单击在"年薪"右侧的下拉按钮，从"下拉列表"中选择"数字筛选"，在弹出"自定义自动筛选方式"对话框，进行如图所示的设置。

	A	B	C	D	E	F	G
1	公司人事档案						
2	姓名	职位	年龄	性别	年薪	学历	雇用日期
11	陈楚	秘书	34	女	¥110,000	学士	2005.7
12	王浩	秘书	30	男	¥120,000	学士	2005.7
13	赵明伟	副总经理	28	男	¥130,000	学士	2005.7
14	高维松	副总经理	25	男	¥140,000	学士	2005.7
15	张雅蕊	副总经理	23	女	¥150,000	学士	2005.7
16	郭强	总经理	25	男	¥200,000	硕士	2005.7

（7）全部显示，再次显示所有记录。

（8）例如：筛选出"年龄＜30，年薪＞100 万"的所有记录，则首先在"条件区域（即工作表的空白单元格）"中输入条件。

	A	B	C	D	E	F	G
1	公司人事档案						
2	姓名	职位	年龄	性别	年薪	学历	雇用日期
3	陈泽楷	业务员	27	男	¥20,000	学士	2005.7
4	王明明	业务员	35	男	¥30,000	学士	2005.7
5	胡巍浩	业务员	38	男	¥40,000	学士	2005.7
6	卢州	业务员	46	男	¥50,000	学士	2005.7
7	余陵	业务员	58	女	¥60,000	学士	2005.7
8	欧阳帆	部门经理	28	女	¥70,000	学士	2005.7
9	田钟	部门经理	59	男	¥80,000	学士	2005.7
10	朱洲	部门经理	38	男	¥100,000	学士	2005.7
11	陈楚	秘书	34	女	¥110,000	学士	2005.7
12	王浩	秘书	30	男	¥120,000	学士	2005.7
13	赵明伟	副总经理	28	男	¥130,000	学士	2005.7
14	高维松	副总经理	25	男	¥140,000	学士	2005.7
15	张雅蕊	副总经理	23	女	¥150,000	学士	2005.7
16	郭强	总经理	25	男	¥200,000	硕士	2005.7
17							
18					年龄	年薪	
19					<30	>100000	

（9）单击"数据｜筛选｜高级"，弹出"高级筛选"对话框。

（10）选择"列表区域"，如图虚线框所示。

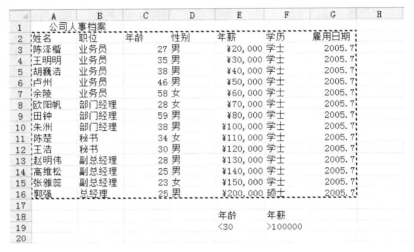

（11）选择"条件区域"，如图虚线框所示。

（12）单击"确定"，所得结果如图所示。

	A	B	C	D	E	F	G
1	公司人事档案						
2	姓名	职位	年龄	性别	年薪	学历	雇用日期
13	赵明伟	副总经理	28	男	¥130,000	学士	2005.7
14	高维松	副总经理	25	男	¥140,000	学士	2005.7
15	张雅蕊	副总经理	23	女	¥150,000	学士	2005.7
16	郭强	总经理	25	男	¥200,000	硕士	2005.7
17							
18					年龄	年薪	
19					<30	>100000	

（13）全部显示，再次显示所有记录。

（14）数据｜排序，弹出"排序"对话框，例如按"职位"字段"降序"排序，（此过程为实现"分类汇总"奠定条件）。

	A	B	C	D	E	F	G
1	公司人事档案						
2	姓名	职位	年龄	性别	年薪	学历	雇用日期
3	郭强	总经理	25	男	¥ 200,000	硕士	2005.7
4	王明明	业务员	35	男	¥ 30,000	学士	2005.7
5	卢州	业务员	46	男	¥ 50,000	学士	2005.7
6	余陵	业务员	58	女	¥ 60,000	学士	2005.7
7	陈泽楷	业务员	27	男	¥ 20,000	学士	2005.7
8	胡巍浩	业务员	38	男	¥ 40,000	学士	2005.7
9	王洁	秘书	30	男	¥ 120,000	学士	2005.7
10	陈楚	秘书	34	女	¥ 110,000	学士	2005.7
11	高维松	副总经理	25	男	¥ 140,000	学士	2005.7
12	赵明伟	副总经理	28	男	¥ 130,000	学士	2005.7
13	张雅蕊	副总经理	23	女	¥ 150,000	学士	2005.7
14	欧阳帆	部门经理	28	女	¥ 70,000	学士	2005.7
15	朱洲	部门经理	38	男	¥ 100,000	学士	2005.7
16	田钟	部门经理	59	男	¥ 80,000	学士	2005.7

（15）例如：按"职位"分类，按"年薪"汇总，则单击"数据｜分类汇总"，弹出"分类汇总"对话框，设置如图所示。

（16）单击"确定"按钮。

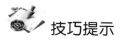

技巧提示

在进行分类汇总之前，切记对分类字段要进行排序，否则做出的汇总结果会显得凌乱。

巩固一下

按照下图，练习自定义排序和筛选操作。

	A	B	C	D	E	F	G	H
1	2015年家电企业市场占有份额统计表							
2	品牌	彩电	冰箱	空调	电视机	洗衣机	微波炉	无绳电话
3	四海	20.0%	17.0%	5.0%	20.0%	14.0%	30.0%	27.3%
4	大地	18.0%	18.0%	30.0%	50.0%	36.0%	13.0%	26.0%
5	神州	40.0%	29.0%	11.0%	16.0%	10.0%	4.0%	1.0%
6	欢腾	10.0%	10.0%	5.0%	1.0%	20.0%	26.0%	23.0%
7	卓越	7.0%	0.5%	36.0%	3.0%	9.5%	15.0%	15.7%
8	华美	5.0%	25.5%	13.0%	10.0%	10.5%	12.0%	7.0%

任务7 工资结算汇总表

 效果图

	A	B	C	D	E	F	G
1			工资结算汇总表				
2			2016年4月20日				
3	部门名称		基本工资	各类补贴及奖金	应付工资	代扣款项	实发工资
4	生产车间	生产工人—甲产品	110000	20800	130800		130800
5		生产工人—乙产品	65000	22200	87200		87200
6		车间管理人员	43000	25000	68000		68000
7		小计	218000	68000	286000	0	286000
8	管理部门		45000	27000	72000		72000
9	合计						644000
10	人民币（大写）			陆拾肆万肆仟元整			
11	单位主管：张明 审核：刘丽					制表：王梅	

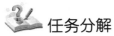 **任务分解**

表格内容输入，函数，计算，数值形式改变，边框和底纹。

 核心知识点

单元格合并，数值格式改变，函数，公式，单元格格式化。

 操作步骤

（1）表格内容输入。

	A	B	C	D	E	F	G
1	工资结算汇总表						
2	2016年4月20日						
3	部门名称		基本工资	各类补贴及奖金	应付工资	代扣款项	实发工资
4	生产车间	生产工人—甲产品	110000	20800			
5		生产工人—乙产品	65000	22200			
6		车间管理人员	43000	25000			
7		小计				0	
8	管理部门		45000	27000			
9	合计						
10	人民币（大写）						
11	单位主管：张明	审核：刘丽				制表：王梅	

（2）合并第一行的 A～G 的单元格，设置：宋体，12，加粗，下划线。

（3）合并第二行的 A～G 的单元格，设置：宋体，12。

（4）用公式的方法计算"应付工资"和"实发工资"，应付工资＝基本工资＋各类补贴及奖金；实发工资＝应付工资－代扣款项。

（5）用函数的方法计算"合计"。

（6）第十行，A、B 列合并、C～G 列合并。

（7）用 TEXT 函数，将"合计"的数值以"大写"的形式呈现。

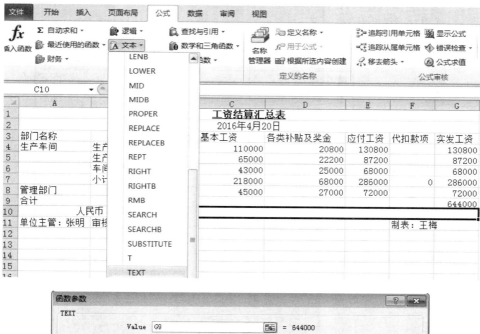

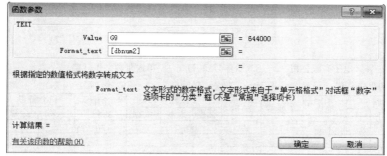

（8）为"大写"形式的数值添加"元整"两个字，选中"大写"的数值，在编辑栏中函数的后面输入：&"元整"。

TEXT	▼	✕ ✓ ƒx	=TEXT(G9,"[dbnum2]")&"元整"			

▲	A	B	C	D	E	F	G
1			工资结算汇总表				
2			2016年4月20日				
3	部门名称		基本工资	各类补贴及奖金	应付工资	代扣款项	实发工资
4	生产车间	生产工人－甲产品	110000	20800	130800		130800
5		生产工人－乙产品	65000	22200	87200		87200
6		车间管理人员	43000	25000	68000		68000
7		小计	218000	68000	286000	0	286000
8	管理部门		45000	27000	72000		72000
9	合计						644000
10		人民币（大写）	=TEXT(G9,"[dbnum2]")&"元整"				
11	单位主管：张明　审核：刘丽					制表：王梅	

（9）设置边框、底纹。

技巧提示

数据有效性（在默认的情况下，用户可以在单元格中输入任何数据，在实际工作中，经常需要给一些单元格或区域定义有效的数据范围，以免因失误造成过大的损失）		
选定区域，数据-有效性-设置		
姓名	性别	基本工资
张		1200
李		1800
王		2200
赵		2500
陈		1200
刘		1400
谢		2600
田		1200
请你设置田的基本工资不能超过1500元		

巩固一下

差旅费报销单													
原派出单位：××电子有限公司				2011年4月20日			单据张数 5张（略）						
事　由：采购供应会议　　姓名：赵月　　职务；采购员　　预借款（元）：													1500
起止日期				地点	车船费	邮电	住勤费			途中		伙食补助		合计
月	日	月	日				标准	天数	金额	标准	天数	金额	
4	9	4	13	上海	705	120	75	5	375	30	5	150	1350.00
合计													1350.00
人民币（大写）　壹仟叁佰伍拾元整							退回现金：　¥150.00						
派出单位领导：张明　　单位主管：刘丽　　复核：王梅　　出纳：陈红													

任务 8　企业生产统计表

 效果图

生产车间 ▼	数据	成套开关设备	电器元件	桥架	3月 汇总	成套开关设备	电器元件	桥架	4月 汇总	成套开关设…
生产月份 ▼ 产品类别 ▼		3月				4月				5月
车间1	平均值项:生产量	96.66666667			96.66666667	70			70	
	求和项:废品量	14.5			14.5	7			7	
车间2	平均值项:生产量			66.66666667	66.66666667			280	280	
	求和项:废品量			10	10			28	28	
车间3	平均值项:生产量		40		40		60		60	
	求和项:废品量		4		4		6		6	
平均值项:生产量汇总		96.66666667	40	66.66666667	71.25	70	60	280	136.6666667	
求和项:废品量汇总		14.5	4	10	28.5	7	6	28	41	

 **任务分解**

创建工作表（输入数据、编辑工作表格式），数据透视表。

 核心知识点

创建工作表，创建数据透视表。

 操作步骤

（1）启动 Excel 工作簿，建立"企业生产统计表"。

序号	产品名称	产品类别	生产月份	生产车间	生产量	废品量
1	低压开关柜	成套开关设备	3月	车间1	200	10
2	直流屏	成套开关设备	3月	车间1	50	3
3	直流柜	成套开关设备	3月	车间1	40	2
9	直流屏	成套开关设备	4月	车间1	40	2
10	直流柜	成套开关设备	4月	车间1	100	5
15	直流屏	成套开关设备	5月	车间1	100	5
16	直流柜	成套开关设备	5月	车间1	120	6
22	直流屏	成套开关设备	6月	车间1	30	2
27	直流屏	成套开关设备	7月	车间1	40	2
28	直流柜	成套开关设备	7月	车间1	90	5
4	钢制桥架	桥架	3月	车间2	80	4
5	铝合金桥架	桥架	3月	车间2	70	4
6	网格式桥架	桥架	3月	车间2	50	3
11	钢制桥架	桥架	4月	车间2	500	25
12	网格式桥架	桥架	4月	车间2	60	3
17	钢制桥架	桥架	5月	车间2	90	5
18	铝合金桥架	桥架	5月	车间2	70	4
19	网格式桥架	桥架	5月	车间2	60	3
23	钢制桥架	桥架	6月	车间2	50	3
24	网格式桥架	桥架	6月	车间2	100	5
29	钢制桥架	桥架	7月	车间2	70	4
30	铝合金桥架	桥架	7月	车间2	80	4
7	剩余电流动作	电器元件	3月	车间3	30	2
8	塑料外壳式断	电器元件	3月	车间3	50	3
13	剩余电流动作	电器元件	4月	车间3	40	2
14	塑料外壳式断	电器元件	4月	车间3	80	4
20	剩余电流动作	电器元件	5月	车间3	50	3
21	塑料外壳式断	电器元件	5月	车间3	40	2
25	剩余电流动作	电器元件	6月	车间3	50	3
26	塑料外壳式断	电器元件	6月	车间3	30	2

（2）在数据表中任意选取一个单元格，插入｜数据透视表｜数据透视表，弹出"创建数据透视表"对话框，设置如图所示，单击"确定"按钮。

（3）在新的工作表中设置的数据透视表字段列表，实现满足用户需求的数据透视表布局。如对每个生产车间不同月份的不同类别产品的生产量和废品量的总和感兴趣，就可建立下图所示的透视表的字段列表。

（4）若想了解每个生产车间不同月份的不同类别产品的生产量的平均值和废品量的总和，则点击"求和项：生产量"右侧下拉按钮｜值字段设置，在弹出的"值字段设置"对话框中可进行如下设置。

（5）单击"确定"按钮，生成数据透视表。

 技巧提示

对于数据表，利用数据透视表可以快速地对其进行分析，获得各种透视结果，即制作数据透视表之前要明确客户需求。

巩固一下

	A	B	C	D	E	F	G	H	I
1	定单号	日期	客户名称	品名	单价	数量	金额	运送方式	收货地址
2	600639701	2003-3-1	林萍	创维	3,080	5	15,400	快递公司	上海××贸易有限公司杭州分公司
3	600639702	2003-3-1	马明宇	创维	3,600	7	25,200	仓库自取	杭州××制药设备有限公司
4	600639703	2003-3-1	张小菲	创维	3,200	2	6,400	平邮	××集团有限公司
5	600639704	2003-3-1	王晶	TCL	3,080	5	15,400	EMS	××创新软件技术有限公司杭州分公司
6	600639705	2003-3-1	霍佳	熊猫	3,300	6	19,800	快递公司	××机电集团有限公司
7	600639706	2003-2-24	张小菲	熊猫	3,300	4	13,200	快递公司	××视联控股有限公司
8	600639707	2003-2-24	林萍	康佳	2,980	3	8,940	EMS	××科技（杭州）有限公司
9	600639708	2003-2-25	马明宇	TCL	3,200	7	22,400	仓库自取	杭州××华源环境工程有限公司
10	600639709	2003-2-25	霍佳	康佳	3,200	5	16,000	平邮	××科技有限公司
11	600639710	2003-2-25	孙思明	TCL	3,080	3	9,240	快递公司	浙江××光电科技有限公司
12	600639711	2003-2-26	张小菲	长虹	3,600	1	3,600	仓库自取	××集团有限公司
13	600639712	2003-2-26	王晶	创维	2,980	6	17,880	快递公司	××创新软件技术有限公司杭州分公司
14	600639713	2003-2-27	马明宇	TCL	3,600	5	18,000	EMS	杭州××制药设备有限公司
15	600639714	2003-2-27	霍佳	长虹	3,200	4	12,800	仓库自取	××机电集团有限公司
16	600639715	2003-2-28	张小菲	熊猫	2,980	1	2,980	快递公司	××集团有限公司

· 数据透视表一的效果图

· 数据透视表二的效果图

· 数据透视表三的效果图

任务9　企业员工出勤考核管理表

 效果图

	A	B	C	D	E	F	G	H
1				企业员工出勤考核管理表				
2	编号	姓名	基本工资	请假日期	请假种类	请假时间（小时）	请假天数	应扣工资
3	1	李楠	¥45,000	2008年7月2日	事假	17	2.1	¥4,725
4	2	方鹏	¥30,000	2008年7月6日	病假	18	2.2	¥330
5	3	李磊	¥25,000	2008年7月15日	事假	27	3.3	¥4,125
6	4	王小若	¥45,000	2008年7月20日	产假	800	100	¥0
7	5	陈雨	¥35,000	2008年7月2日	事假	31	3.8	¥6,650
8	6	石璐	¥30,000	2008年7月15日	婚假	24	3	¥0
9	7	张瑛	¥25,000	2008年7月20日	事假	30	3.7	¥4,625
10	8	程晓	¥35,000	2008年7月15日	事假	15	1.8	¥3,150
11	9	王丽	¥45,000	2008年7月2日	病假	31	3.8	¥855
12	10	赵军力	¥35,000	2008年7月20日	事假	16	2	¥3,500
13	11	王明	¥35,000	2008年7月20日	病假	26	3.2	¥560
14	12	李丽	¥30,000	2008年7月24日	事假	23	2.8	¥4,200
15	13	张帆	¥40,000	2008年7月2日	病假	21	2.6	¥520
16	14	张珊珊	¥30,000	2008年7月20日	婚假	28.5	3.5	¥0
17	15	刘丽丽	¥50,000	2008年7月2日	事假	37	4.6	¥11,500
18	16	石节庆	¥25,000	2008年7月15日	病假	33	4.1	¥513
19	17	路瑶	¥25,000	2008年7月20日	事假	38	4.7	¥5,875
20	18	李贵明	¥50,000	2008年7月24日	病假	15	1.8	¥450
21	19	张军	¥20,000	2008年7月15日	事假	19	2.3	¥2,300
22	20	王朔	¥25,000	2008年7月20日	婚假	27	3.3	¥0
23	21	曾云	¥40,000	2008年4月25日	病假	33	4.1	¥820
24	22	薛晶	¥25,000	2008年7月20日	事假	14	1.7	¥2,125

 任务分解

创建数据表，编辑工作表格式，公式计算。

 核心知识点

编辑工作表格式，公式计算。

操作步骤

（1）启动 Excel 工作簿，建立"员工出勤考核管理表"。

编号	姓名	基本工资	请假日期	请假种类	请假时间（小时）	请假天数	应扣工资
				企业员工出勤考核管理表			
1	李楠	¥45,000	2008年7月2日	事假	17		
2	方鹏	¥30,000	2008年7月6日	病假	18		
3	李磊	¥25,000	2008年7月15日	事假	27		
4	王小若	¥45,000	2008年7月20日	产假	800		
5	陈雨	¥35,000	2008年7月2日	事假	31		
6	石璐	¥30,000	2008年7月15日	婚假	24		
7	张瑛	¥25,000	2008年7月20日	事假	30		
8	程晓	¥35,000	2008年7月15日	事假	15		
9	王丽	¥45,000	2008年7月2日	病假	31		
10	赵军力	¥35,000	2008年7月20日	事假	16		
11	王明	¥35,000	2008年7月20日	病假	26		
12	李丽	¥30,000	2008年7月24日	事假	23		
13	张帆	¥40,000	2008年7月2日	病假	21		
14	张珊珊	¥30,000	2008年7月20日	婚假	28.5		
15	刘丽丽	¥50,000	2008年7月2日	事假	37		
16	石节庆	¥25,000	2008年7月15日	病假	33		
17	路瑶	¥25,000	2008年7月20日	事假	38		
18	李贵明	¥50,000	2008年7月24日	事假	15		
19	张军	¥20,000	2008年7月15日	事假	19		
20	王朔	¥25,000	2008年7月20日	婚假	27		
21	曾云	¥40,000	2008年4月25日	病假	33		
22	薛晶	¥25,000	2008年7月20日	事假	14		

（2）用 INT 函数计算请假天数，单击"G3"单元格，输入公式＝INT（F3/8＊10）/10 计算结果如图所示。

G3　　fx =INT(F3/8*10)/10

	编号	姓名	基本工资	请假日期	请假种类	请假时间（小时）	请假天数	应扣工资
					企业员工出勤考核管理表			
3	1	李楠	¥45,000	2008年7月2日	事假	17	2.1	
4	2	方鹏	¥30,000	2008年7月6日	病假	18	2.2	
5	3	李磊	¥25,000	2008年7月15日	事假	27	3.3	
6	4	王小若	¥45,000	2008年7月20日	产假	800	100	
7	5	陈雨	¥35,000	2008年7月2日	事假	31	3.8	
8	6	石璐	¥30,000	2008年7月15日	婚假	24	3	
9	7	张瑛	¥25,000	2008年7月20日	事假	30	3.7	
10	8	程晓	¥35,000	2008年7月15日	事假	15	1.8	
11	9	王丽	¥45,000	2008年7月2日	病假	31	3.8	
12	10	赵军力	¥35,000	2008年7月20日	事假	16	2	
13	11	王明	¥35,000	2008年7月20日	病假	26	3.2	
14	12	李丽	¥30,000	2008年7月24日	事假	23	2.8	
15	13	张帆	¥40,000	2008年7月2日	病假	21	2.6	
16	14	张珊珊	¥30,000	2008年7月20日	婚假	28.5	3.5	
17	15	刘丽丽	¥50,000	2008年7月2日	事假	37	4.6	
18	16	石节庆	¥25,000	2008年7月15日	病假	33	4.1	
19	17	路瑶	¥25,000	2008年7月20日	事假	38	4.7	
20	18	李贵明	¥50,000	2008年7月24日	病假	15	1.8	
21	19	张军	¥20,000	2008年7月15日	事假	19	2.3	
22	20	王朔	¥25,000	2008年7月20日	婚假	27	3.3	
23	21	曾云	¥40,000	2008年4月25日	病假	33	4.1	
24	22	薛晶	¥25,000	2008年7月20日	事假	14	1.7	

（3）用 IF 函数计算应扣工资，单击 H3 单元格，公式｜插入函数｜IF 函数，在弹出的"函数参数"对话框中进行如图所示的设置。

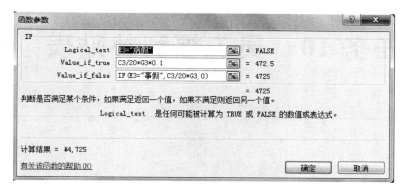

（4）单击"确定"按钮，返回工作表中，用填充柄功能拖拽。

 技巧提示

（1）加班时间 G3＝HOUR（F3－E3）。

（2）加班费 H3＝IF（C3＝"主管"，G3＊比率表！B17，IF（C3＝"副主管"，G3＊比率表！B18，G3＊比率表！B19））。

巩固一下

	A	B	C	D	E	F	G	H
1	员工加班记录表							
2	编号	加班人	职务	加班日期	从何时开始	到何时结束	加班时间	加班费
3	3	李磊	员工	2008年9月20日	19:00	21:00	2	200
4	4	王小若	主管	2008年9月20日	20:00	22:00	2	0
5	5	陈雨	副主管	2008年9月24日	19:30	21:30	2	100
6	12	李丽	员工	2008年9月2日	18:30	21:30	3	300
7	13	张帆	副主管	2008年9月20日	19:00	22:00	3	150
8	14	张珊珊	员工	2008年9月2日	20:00	21:00	1	100
9	15	刘丽丽	主管	2008年9月15日	19:30	22:00	2	0
10	16	石节庆	员工	2008年9月20日	20:00	21:00	1	100
11	17	路瑶	员工	2008年9月24日	19:30	22:00	2	200

任务 10　员工福利补贴表

效果图

编号	姓名	职务	住房补贴	伙食补贴	交通补贴	医疗补贴	合计
			员工福利补贴表				
1	李楠	主管	1000	600	500	900	3000
2	方鹏	副主管	800	500	450	750	2500
3	李磊	员工	500	450	400	600	1950
4	王小若	主管	1000	600	500	900	3000
5	陈雨	副主管	800	500	450	750	2500
6	石璐	员工	500	450	400	600	1950
7	张瑛	员工	500	450	400	600	1950
8	程晓	副主管	800	500	450	750	2500
9	王丽	主管	1000	600	500	900	3000
10	赵军力	员工	500	450	400	600	1950
11	王明	员工	500	450	400	600	1950
12	李丽	员工	500	450	400	600	1950
13	张帆	副主管	800	500	450	750	2500
14	张珊珊	员工	500	450	400	600	1950
15	刘丽丽	主管	1000	600	500	900	3000
16	石节庆	员工	500	450	400	600	1950
17	路瑶	员工	500	450	400	600	1950
18	李贵明	主管	1000	600	500	900	3000
19	张军	员工	500	450	400	600	1950
20	王朔	员工	500	450	400	600	1950
21	曾云	副主管	800	500	450	750	2500
22	薛晶	员工	500	450	400	600	1950

任务分解

创建数据表，编辑工作表格式，公式。

核心知识点

编辑工作表格式，公式。

 操作步骤

（1）启动 Excel 工作簿，建立"员工福利补贴表"。

	A	B	C	D	E	F	G	H
1				员工福利补贴表				
2	编号	姓名	职务	住房补贴	伙食补贴	交通补贴	医疗补贴	合计
3	1	李楠						
4	2	方鹏						
5	3	李磊						
6	4	王小若						
7	5	陈雨						
8	6	石璐						
9	7	张瑛						
10	8	程晓						
11	9	王丽						
12	10	赵军力						
13	11	王明						
14	12	李丽						
15	13	张帆						
16	14	张珊珊						
17	15	刘丽丽						
18	16	石节庆						
19	17	路瑶						
20	18	李贵明						
21	19	张军						
22	20	王朔						
23	21	曾云						
24	22	薛晶						

（2）用 VLOOKUP 函数引用工作表数据，单击"C3"单元格，公式｜插入函数｜全部函数｜ VLOOKUP，在弹出的"函数参数"对话框中进行如图所示的设置。

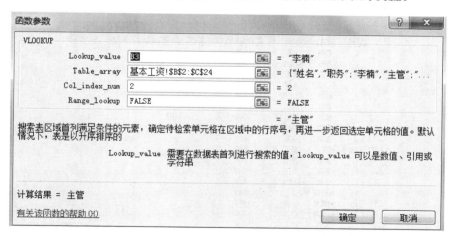

（3）单击"确定"按钮，返回工作表中，用填充柄功能拖拽。

编号	姓名	职务	住房补贴	伙食补贴	交通补贴	医疗补贴	合计
1	李楠	主管					
2	方鹏	副主管					
3	李磊	员工					
4	王小若	主管					
5	陈雨	副主管					
6	石鹏	员工					
7	张瑛	员工					
8	程晓	副主管					
9	王丽	主管					
10	赵军力	员工					
11	王明	员工					
12	李丽	员工					
13	张帆	副主管					
14	张珊珊	员工					
15	刘丽丽	主管					
16	石节庆	员工					
17	路瑶	员工					
18	李贵明	主管					
19	张军	员工					
20	王朔	员工					
21	曾云	副主管					
22	薛晶	员工					

（4）用 VLOOKUP 函数引用工作表数据，单击"D3"单元格，公式｜插入函数｜全部函数｜VLOOKUP，在弹出的"函数参数"对话框中进行如图所示的设置。

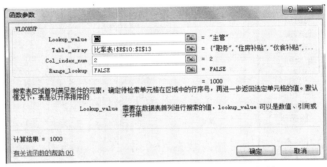

（5）单击"确定"按钮，返回工作表中，用填充柄功能拖拽。

编号	姓名	职务	住房补贴	伙食补贴	交通补贴	医疗补贴	合计
1	李楠	主管	1000				
2	方鹏	副主管	800				
3	李磊	员工	500				
4	王小若	主管	1000				
5	陈雨	副主管	800				
6	石鹏	员工	500				
7	张瑛	员工	500				
8	程晓	副主管	800				
9	王丽	主管	1000				
10	赵军力	员工	500				
11	王明	员工	500				
12	李丽	员工	500				
13	张帆	副主管	800				
14	张珊珊	员工	500				
15	刘丽丽	主管	1000				
16	石节庆	员工	500				
17	路瑶	员工	500				
18	李贵明	主管	1000				
19	张军	员工	500				
20	王朔	员工	500				
21	曾云	副主管	800				
22	薛晶	员工	500				

（6）用 VLOOKUP 函数引用工作表数据，单击"E3"单元格，公式｜插入函数｜全部函数｜VLOOKUP，在弹出的"函数参数"对话框中进行如图所示的设置。

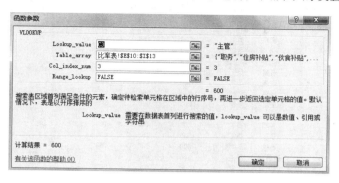

（7）单击"确定"按钮，返回工作表中，用填充柄功能拖拽。

	A	B	C	D	E	F	G	H
2	编号	姓名	职务	住房补贴	伙食补贴	交通补贴	医疗补贴	合计
3	1	李楠	主管	1000	600			
4	2	方鹏	副主管	800	500			
5	3	李磊	员工	500	450			
6	4	王小若	主管	1000	600			
7	5	陈雨	副主管	800	500			
8	6	石璐	员工	500	450			
9	7	张瑛	员工	500	450			
10	8	程晓	副主管	800	500			
11	9	王丽	主管	1000	600			
12	10	赵军力	员工	500	450			
13	11	王明	员工	500	450			
14	12	李丽	员工	500	450			
15	13	张帆	副主管	800	500			
16	14	张珊珊	员工	500	450			
17	15	刘丽丽	主管	1000	600			
18	16	石节庆	员工	500	450			
19	17	路瑶	员工	500	450			
20	18	李贵明	主管	1000	600			
21	19	张军	员工	500	450			
22	20	王朔	员工	500	450			
23	21	曾云	副主管	800	500			
24	22	薛晶	员工	500	450			

（8）用 VLOOKUP 函数引用工作表数据，单击"F3"单元格，公式｜插入函数｜全部函数｜VLOOKUP，在弹出的"函数参数"对话框中进行如图所示的设置。

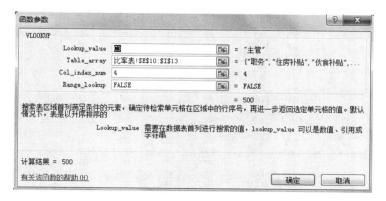

（9）单击"确定"按钮，返回工作表中，用填充柄功能拖拽。

	A	B	C	D	E	F	G	H
2	编号	姓名	职务	住房补贴	伙食补贴	交通补贴	医疗补贴	合计
3	1	李楠	主管	1000	600	500		
4	2	方鹏	副主管	800	500	450		
5	3	李磊	员工	500	450	400		
6	4	王小若	主管	1000	600	500		
7	5	陈雨	副主管	800	500	450		
8	6	石璐	员工	500	450	400		
9	7	张瑛	员工	500	450	400		
10	8	程晓	副主管	800	500	450		
11	9	王丽	主管	1000	600	500		
12	10	赵军力	员工	500	450	400		
13	11	王明	员工	500	450	400		
14	12	李丽	员工	500	450	400		
15	13	张帆	副主管	800	500	450		
16	14	张珊珊	员工	500	450	400		
17	15	刘丽丽	主管	1000	600	500		
18	16	石节庆	员工	500	450	400		
19	17	路瑶	员工	500	450	400		
20	18	李贵明	主管	1000	600	500		
21	19	张军	员工	500	450	400		
22	20	王朔	员工	500	450	400		
23	21	曾云	副主管	800	500	450		
24	22	薛晶	员工	500	450	400		

（10）用 VLOOKUP 函数引用工作表数据，单击"G3"单元格，公式｜插入函数｜全部函数｜VLOOKUP，在弹出的"函数参数"对话框中进行如图所示的设置。

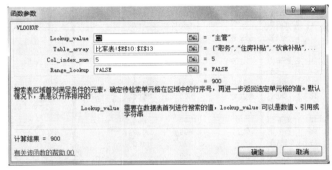

（11）单击"确定"按钮，返回工作表中，用填充柄功能拖拽。

	A	B	C	D	E	F	G	H
2	编号	姓名	职务	住房补贴	伙食补贴	交通补贴	医疗补贴	合计
3	1	李楠	主管	1000	600	500	900	
4	2	方鹏	副主管	800	500	450	750	
5	3	李磊	员工	500	450	400	600	
6	4	王小若	主管	1000	600	500	900	
7	5	陈雨	副主管	800	500	450	750	
8	6	石璐	员工	500	450	400	600	
9	7	张瑛	员工	500	450	400	600	
10	8	程晓	副主管	800	500	450	750	
11	9	王丽	主管	1000	600	500	900	
12	10	赵军力	员工	500	450	400	600	
13	11	王明	员工	500	450	400	600	
14	12	李丽	员工	500	450	400	600	
15	13	张帆	副主管	800	500	450	750	
16	14	张珊珊	员工	500	450	400	600	
17	15	刘丽丽	主管	1000	600	500	900	
18	16	石节庆	员工	500	450	400	600	
19	17	路瑶	员工	500	450	400	600	
20	18	李贵明	主管	1000	600	500	900	
21	19	张军	员工	500	450	400	600	
22	20	王朔	员工	500	450	400	600	
23	21	曾云	副主管	800	500	450	750	
24	22	薛晶	员工	500	450	400	600	

（12）用 SUM 函数求合计，单击"H3"单元格，公式｜自动求和。

 技巧提示

（1）基本工资 C3＝VLOOKUP（A3，基本工资！＄A＄3：＄E＄24，5，0）
（2）养老保险 D3＝C3＊比率表！＄C＄6
（3）医疗保险 E3＝C3＊比率表！＄C＄7
（4）失业保险 F3＝C3＊比率表！＄C＄8
（5）生育保险 G3＝C3＊比率表！＄C＄9
（6）工伤保险 H3＝C3＊比率表！＄C＄10
（7）住房公积金＝C3＊比率表！＄C＄11

巩固一下

	A	B	C	D	E	F	G	H	I	J
1	五险一金表									
2	编号	姓名	基本工资	养老保险	医疗保险	失业保险	生育保险	工伤保险	住房公积金	合计
3	1	李楠	¥45,000	¥3,600	¥900	¥225	¥0	¥0	¥4,500	¥9,225
4	2	方鹏	¥30,000	¥2,400	¥600	¥150	¥0	¥0	¥3,000	¥6,150
5	3	李磊	¥25,000	¥2,000	¥500	¥125	¥0	¥0	¥2,500	¥5,125
6	4	王小若	¥45,000	¥3,600	¥900	¥225	¥0	¥0	¥4,500	¥9,225
7	5	陈雨	¥35,000	¥2,800	¥700	¥175	¥0	¥0	¥3,500	¥7,175
8	6	石璐	¥30,000	¥2,400	¥600	¥150	¥0	¥0	¥3,000	¥6,150
9	7	张瑛	¥25,000	¥2,000	¥500	¥125	¥0	¥0	¥2,500	¥5,125
10	8	程晓	¥35,000	¥2,800	¥700	¥175	¥0	¥0	¥3,500	¥7,175
11	9	王丽	¥45,000	¥3,600	¥900	¥225	¥0	¥0	¥4,500	¥9,225
12	10	赵军力	¥35,000	¥2,800	¥700	¥175	¥0	¥0	¥3,500	¥7,175
13	11	王明	¥35,000	¥2,800	¥700	¥175	¥0	¥0	¥3,500	¥7,175
14	12	李丽	¥30,000	¥2,400	¥600	¥150	¥0	¥0	¥3,000	¥6,150
15	13	张帆	¥40,000	¥3,200	¥800	¥200	¥0	¥0	¥4,000	¥8,200
16	14	张珊珊	¥30,000	¥2,400	¥600	¥150	¥0	¥0	¥3,000	¥6,150
17	15	刘丽丽	¥50,000	¥4,000	¥1,000	¥250	¥0	¥0	¥5,000	¥10,250
18	16	石节庆	¥25,000	¥2,000	¥500	¥125	¥0	¥0	¥2,500	¥5,125
19	17	路瑶	¥25,000	¥2,000	¥500	¥125	¥0	¥0	¥2,500	¥5,125
20	18	李贵明	¥50,000	¥4,000	¥1,000	¥250	¥0	¥0	¥5,000	¥10,250
21	19	张军	¥20,000	¥1,600	¥400	¥100	¥0	¥0	¥2,000	¥4,100
22	20	王朔	¥25,000	¥2,000	¥500	¥125	¥0	¥0	¥2,500	¥5,125
23	21	曾云	¥40,000	¥3,200	¥800	¥200	¥0	¥0	¥4,000	¥8,200
24	22	薛晶	¥25,000	¥2,000	¥500	¥125	¥0	¥0	¥2,500	¥5,125

任务 11　生态环保产品开发案

  效果图

企划书名称	携带型氧气口罩 产品开发案			部 长		组 长	
企划者	产品开发部		制作日期			2016/4/1	
企划目的	面对地球大环境的污染，对空气的净化问题日趋重视的人们不在少数，如果每个人都可以将过滤空气的工具随身携带的话是很方便的。						
企划内容	到哪里都可以随身携带，30秒就可以补充氧气，为重视空气质量的人们所研发的「携带型氧气口罩」						
市场环境分析	★不只像空调一样提供凉爽或温暖的空气，而是具有将空气滤净的附加价值 ★人们使用清凉湿纸巾来转换一下心情的情况越来越多 ★市场上可以消除疲劳或是具有瞬间放松效果的商品相当有人气						
消费者的目标	担忧呼吸系统健康的人、有气喘方面疾病的人、对于空气污染很敏感的人						
竞争对手	目前没有竞争者。						
概念描述与命名	**清新空气也要购买的时代，从呼吸开始保持健康！**						
商品概要	只要把拴子拔掉就会从口罩中释放出氧气 口罩释放出的氧气富含负离子等						
预计达成目的	◆追求年轻女性可以拿着走的设计感 ◆能够制作得如口罩一般大小，携带方便 ◆让注重健康的人视为必需品						
价格策略	人民币的价格即500元以内 不含税价格预定在380元	日程表		2016年春天的新商品 针对快乐一夏的热门商品			
广告策略	◆请具有清新形象的女艺人代言，塑造"这是生活品味的一部分"的产品形象 ◆密集地在电视中出现，并在女性杂志或综合媒体上曝光 ◆提供试用品，期待舆论评价						
销售策略	◆在便利商店、大楼或街头的商店中，以及百货公司、超市中销售 ◆赞助试用会或是作为广告纪念商品 ◆运用组合销售的方式增加销售渠道						
备注	为了调查何种外形的口罩容易被接受，进行了以年轻女性为对象的团体访谈，结论是要将口罩设计成在他人面前戴上后不会令人感到奇怪的外观						

任务分解

确定行数（14 行）、确定列数（9 列）、合并单元格、在单元格中输入表格内容、项目符号、单元格的格式化、插入图片、制作标注并输入内容。

核心知识点

合并单元格、项目符号、单元格的格式化、图片的插入、图形对象。

操作步骤

（1）分别在 A1～A14 中输入内容"企划书名称～备注"。

（2）合并 B1～E1 单元格，然后输入相应内容"携带型氧气口罩产品开发案"。

（3）在 F1 和 H1 中输入相应内容"部长"、"组长"。

（4）合并 B2～C2 单元格，输入内容"产品开发案"，合并 D2～E2 单元格，输入内容"制作日期"，合并 F2～I2 单元格，输入内容"2016/4/1"。

（5）合并 C11～D11 单元格，输入内容"日程表"。

（6）依据效果图的形式，调整行高和列宽（只要求在一张 A4 纸内排下，其他不做要求）。

（7）输入其他单元格内容（需要进行单元格合并的，先合并），凡是单元格中需要出现一行以上的文字的，用"开始｜格式｜设置单元格格式｜对齐——自动换行"设置，否则文字会以一行的形式显示。

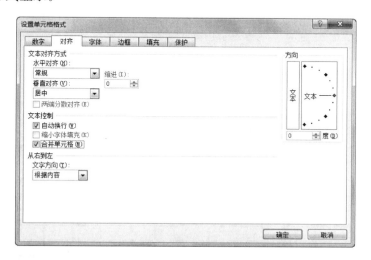

（8）对单元格中需要添加颜色的，用"开始｜格式｜设置单元格格式｜填充"设置，选择接近的颜色即可。

（9）根据效果图，在第 11 行相应位置上，插入｜图片，找到给定的戴口罩的人的图片文件，确定，调整大小。

（10）根据效果图，在第 11 行相应位置上，插入│图片，找到给定的作为背景出现的图片文件，确定，调整大小，并将其"置于顶层"。

（11）根据效果图，在第 11 行相应位置上，用"文本框"和"标注"，来实现图片的说明。

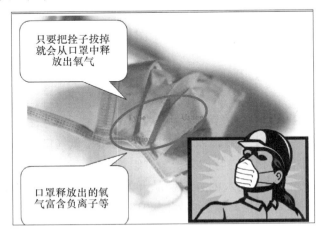

（12）用"开始│格式│设置单元格格式│边框"，为整个表格加上边框。

 技巧提示

当单元格设置的格式相同，但是单元格又不连续的时候，可以用常用工具栏中的 ✎ 快速进行格式的变换。

巩固一下

你能在 1 分钟之内说出下面的表格是几行几列，并实现制作吗？

任务 12　品牌战略企划案

效果图

2016年新品牌的企划案

产品开发部

去年九月份推出的ZW系列销售额增幅在今年三月以后逐渐趋缓。经过研究之后，提出新品牌拓展策略的改善企划。

A　2家竞争对手的销售额变化
  1 增长率的钝化为致命伤
  2 2家竞争对手急速拉近距离，颇具威胁
  3 在2015年成功推出新产品的夕阳产业尤其具有威胁性

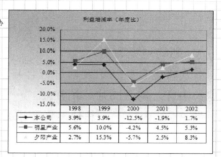

利益增减率（年度比）	1998	1999	2000	2001	2002
本公司	3.9%	3.9%	-12.5%	-1.9%	1.7%
明星产业	5.6%	10.0%	-4.2%	4.5%	5.3%
夕阳产业	2.7%	15.3%	-5.7%	2.5%	8.3%

B　现有ZW商品的问题点
  1 产品已经过时
  2 凸显强烈的自我风格
  3 以"求大雅"的流行语为设计理念
  4 色彩和质地透明化

C　新产品的标语
  1 利落的自我主张
  2 积极却又带点任性
  3 独立自主
  4 主色调为清新的青紫色

D　新品牌的展开
  1 传单战术
  2 印象残留战术
  3 新鲜战术……于电视上插播实时广告

E　2016年以后的计划
  1 制定以品牌形象为核心的三年飞跃计划
  2 以交互促销的相乘效果达成企业活性化
  3 通过品牌的定型，提升与竞争对手的差异化水平

任务分解

确定行数（55 行），确定列数（32 列），在单元格中输入表格内容，单元格的格式化，插入图片，在表格的右侧输入下面数据表的内容并制作图表。

营业利益增减率（年度比）					
	1998	1999	2000	2001	2002
本公司	3.9%	3.9%	-12.5%	-1.9%	1.7%
明星产业	5.6%	10.0%	-4.2%	4.5%	5.3%
夕阳产业	2.7%	15.3%	-5.7%	2.5%	8.3%

核心知识点

合并单元格，单元格的格式化，图片的插入，输入数据和制作图表。

操作步骤

（1）调整 A～AF 列的列宽为 2 磅。

（2）依效果图形式将应合并的单元格进行合并。

（3）在各处输入内容，插入图片，请注意"……"不是用 6 个"."，而是通过下面方法来实现（要求在一张 A4 纸内排下，其他不做要求）。

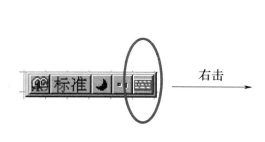

（4）对表格内容格式化。

（5）在 32 列表格的右侧，输入数据表的内容。

（6）选中刚输入完的数据表的所有内容（不包括标题）。

（7）建立图表。

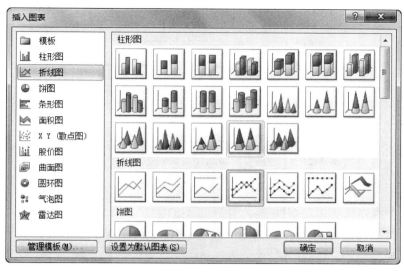

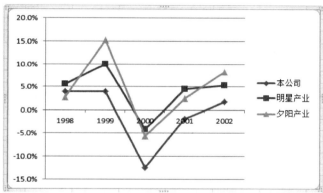

（8）用图表布局为图表添加下方的数据表，使用"布局 5"。

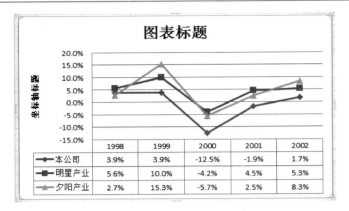

（9）改变图表标题和坐标轴标题。

（10）改变线条的颜色；选中图表中的一条折线，右击，设置数据系列格式｜线条颜色。

（11）双击图表区，改变图表区的颜色。

（12）将做好的图表移动到与效果图相仿的位置。

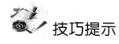
技巧提示

渐变填充，可以设置三个点的颜色，并且渐变的位置也是可以改变的。

巩固一下

怎样将前边形成的图表变为下面的样子？

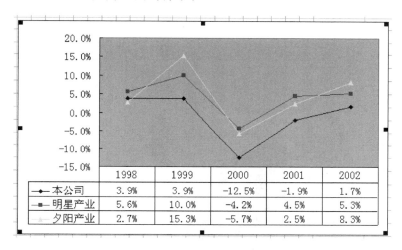

	1998	1999	2000	2001	2002
◆ 本公司	3.9%	3.9%	-12.5%	-1.9%	1.7%
■ 明星产业	5.6%	10.0%	-4.2%	4.5%	5.3%
▲ 夕阳产业	2.7%	15.3%	-5.7%	2.5%	8.3%

任务 13 交通安全商品开发案

微课

效果图

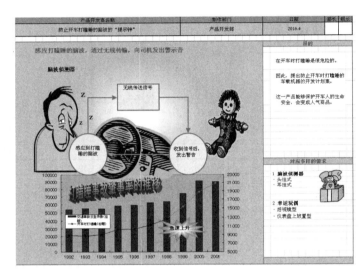

任务分解

确定行数（35 行），确定列数（6 列），在单元格中输入表格内容，单元格的格式化，插入图片，在表格的右侧输入下面数据表的内容并制作图表，编辑和修饰图表。

	交通事故发生件数（左眼）	开车时打瞌睡（右眼）
1992	54236	8923
1993	55064	8704
1994	54994	9024
1995	58412	10294
1996	59416	10342
1997	62415	11294
1998	63873	12689
1999	74211	15388
2000	91380	18764
2001	90012	20913

核心知识点

合并单元格，单元格的格式化，图片的插入，输入数据，制作图表和修饰图表。

操作步骤

（1）调整 A～E 列的列宽为 2 磅（A4 纸纵向的宽度）。

（2）依效果图形式将应合并的单元格进行合并。

（3）在各处输入内容，插入图片（要求在一张 A4 纸内排下，其他不做要求）。

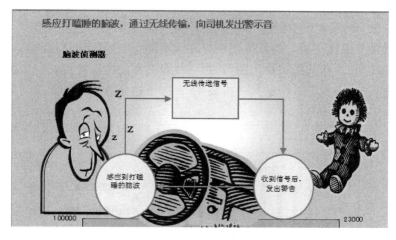

（4）上图中矩形、圆形均为图形对象，是用"插入｜形状"中的绘图工具画出来的。

（5）对表格格式化，但是当单元格加上底纹后就会出现下方左图的效果：因为图片自身带有一块白色的背景挡住了单元格底纹，可以用图片"格式｜颜色｜设置透明色"来改变这种情况。

（6）在表格的右侧，输入数据表的内容。

（7）选中刚输入完的数据表的所有内容，插入｜图表。

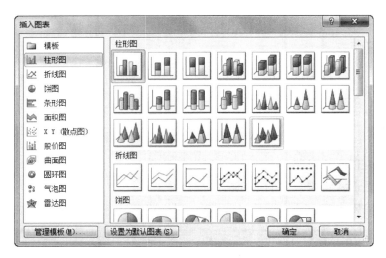

（8）图表就是下面这样的，与效果图中有什么不同呢？"开车时打瞌睡（右眼）"的图表类型应当是"折线图"，目前是"柱形图"，选中代表右眼的所有柱形，右击鼠标，选择"更改图表类型"，在"图表类型"中选择"折线图"，即可达到效果图的要求。

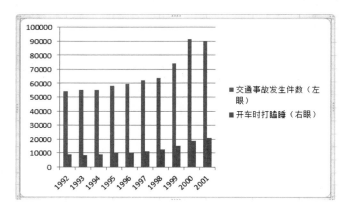

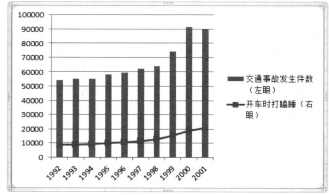

（9）改变柱形的颜色，双击柱形，设置"填充｜纯色填充｜红色，强调文字颜色 2"；改变折线的颜色，双击折线，设置"线条颜色｜实线｜蓝色"；改变折线的数据标记格式，

双击数据标记，分别设置"数据标记选项│内置│菱形"和"数据标记填充│纯色填充│蓝色"；改变折线局部的颜色，双击需要改变颜色的数据标记，设置"线条颜色│实线│橙色"和"数据标记填充│纯色填充│橙色"。

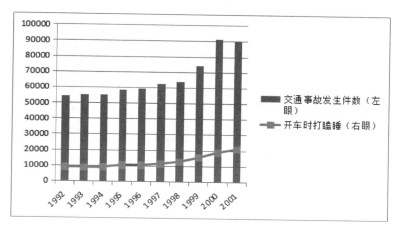

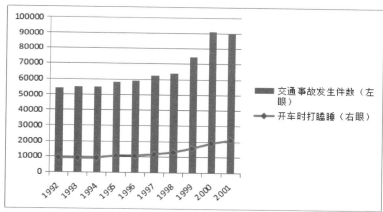

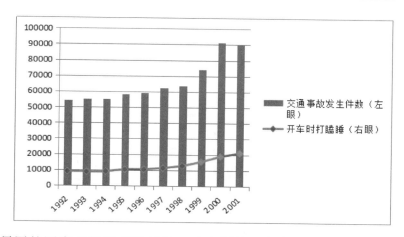

（10）效果图的图表右侧还有数值轴。选中折线，右击，设置数据系列格式│系列选项——次坐标轴。

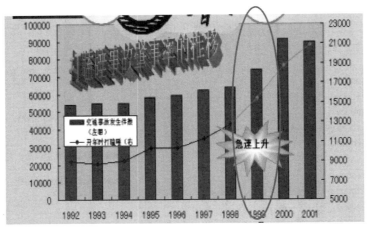

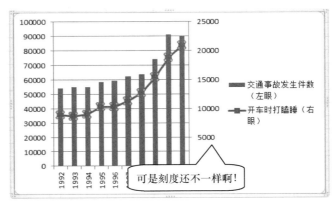

　　在"次坐标轴"上右击，选择"设置坐标轴格式"，分别输入最小值：5000，最大值：23000，主要刻度单位：2000。

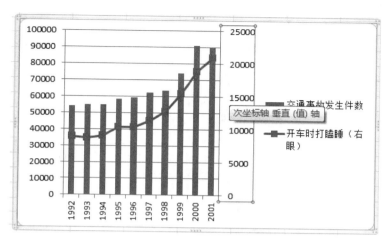

（11）将做好的图表移动到与效果图相仿的位置。

（12）加上艺术字和 图形。

技巧提示

对图片设置透明色后，人的眼睛也变成透明色，可以画一填充白色的文本框，将其放在人像的下面一层，就可以解决这个问题。

巩固一下

下图中的 X 轴的刻度值为什么是倾斜的？

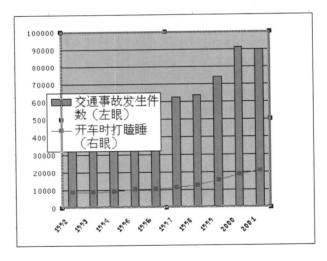

任务 14 礼物类商品企划案

效果图

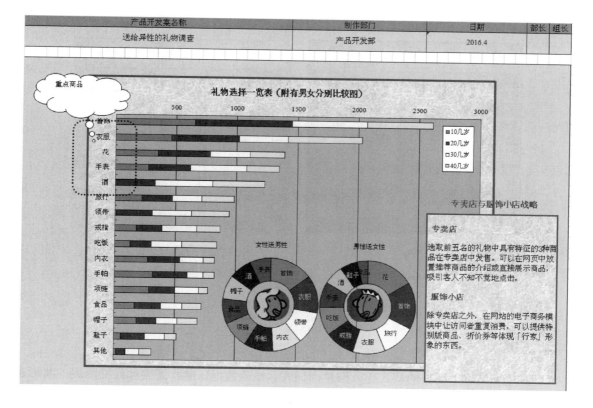

任务分解

确定行数（4 行），确定列数（5 列），在单元格中输入表格内容，单元格的格式化，插入图片，在表格的右侧输入下面的三个数据表的内容并分别制作图表，编辑和修饰图表，用图形来完成其他文字内容的输入。

礼物选择一览表

	10几岁	20几岁	30几岁	40几岁
首饰	654	802	616	542
衣服	462	555	400	616
花	352	427	328	287
手表	273	346	462	267
酒	0	328	474	428
旅行	221	254	238	267
领带	12	297	321	312
戒指	178	212	287	193
吃饭	127	177	250	286
内衣	275	265	193	93
手帕	318	285	128	93
项链	288	213	198	74
食品	168	217	177	159
帽子	186	165	170	168
鞋子	57	197	168	98
其他	18	79	116	98

1

男性送女性

	10几岁	20几岁	30几岁	40几岁	总计
花	352	427	328	287	1394
首饰	344	438	288	317	1387
旅行	221	254	238	267	980
衣服	216	325	208	198	947
戒指	178	212	287	193	870
吃饭	127	177	250	286	840
手表	219	178	213	139	749
酒	0	129	210	242	581
鞋子	57	197	168	98	520
食品	18	79	116	98	311
其他	824	781	729	771	3105

2

女性送男性

	10几岁	20几岁	30几岁	40几岁	总计
首饰	310	364	328	225	1227
衣服	246	230	192	418	1086
领带	12	297	321	312	942
内衣	275	265	193	93	826
手帕	318	285	128	93	824
项链	288	213	198	74	773
食品	168	217	177	159	721
帽子	186	165	170	168	689
酒	0	199	264	186	649
手表	54	168	249	128	599
其他	671	755	699	712	2837

3

核心知识点

合并单元格，单元格的格式化，图片的插入，输入数据，制作图表和修饰图表，图形对象的编辑。

操作步骤

（1）调整 A～E 列的列宽与效果图类似。

（2）调整 1～4 行的行高与效果图相似（注意第 4 行很高）。

（3）1～2 行依效果图形式将应合并的单元格进行合并。

（4）在各单元格中输入内容并完成格式化（包括字符的居中、单元格底纹和边框）。

产品开发项名称	制作部门	日期	部长	组长
送给异性的礼物调查	产品开发部	2016.4		

（5）第 4 行的所有单元格进行合并，并设置与第 2 行相同颜色的底纹，加边框。

（6）在表格的右侧输入给定的三个数据表（顺序和单元格的格式可不固定）。

（7）建立图表，分别对三个数据表，建立三个图表。

① 选中第 1 个数据表中除标题之外的所有内容，建立"堆积条形图表"。

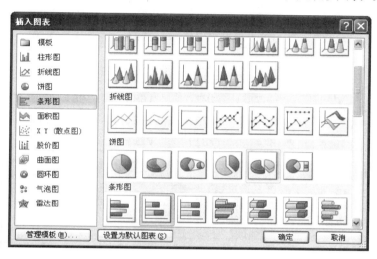

下面是完成后的效果，是不是与效果图不一样？需要将垂直坐标轴上的名称上下颠倒！解决：在垂直坐标轴处右击鼠标，选择"坐标轴格式"，在坐标轴选择项中勾选"逆序类别"。

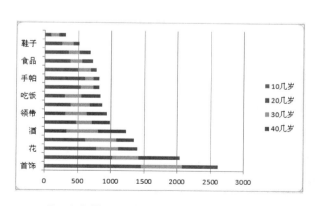

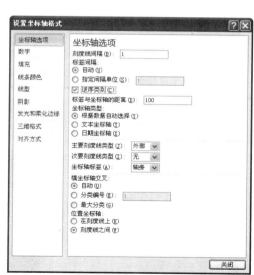

② 选中第 2 个数据表中首饰名称列和总计列的内容（不包括"其他"行），建立"圆环图表"，删除图例，修改图表标题。

男性送女性					
	10几岁	20几岁	30几岁	40几岁	总计
花	352	427	328	287	1394
首饰	344	438	288	317	1387
旅行	221	254	238	267	980
衣服	216	325	208	198	947
戒指	178	212	287	193	870
吃饭	127	177	250	286	840
手表	219	178	213	139	749
酒	0	129	210	242	581
鞋子	57	197	168	98	520
食品	18	79	116	98	311
其他	824	781	729	771	3105

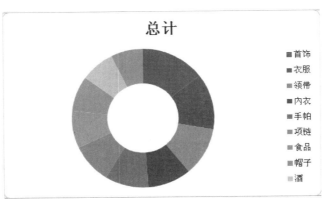

选中图表，图表工具│布局│数据标签——其他数据标签选项，仅勾选"类别名称"。

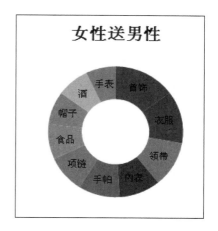

女性送男性

③ 第 3 个图表与第 2 个类似。

（8）用图形中的文本框做出其余文字。

（9）插入给定的图片。

（10）修改图表区的颜色。

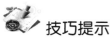

技巧提示

在 Office 中，填充颜色的方法是相通的，无论是单元格还是文本框，均能使用单色、双色、纹理等。

巩固一下

用数据表 2 和 3，分别建立图表，图表的类型为饼图和圆环图，能说出它们的不同吗？

第3章

PowerPoint 2010

任务 1　幻灯片母版的编辑

 效果图

"标题幻灯片"母版

"图片与标题"幻灯片母版

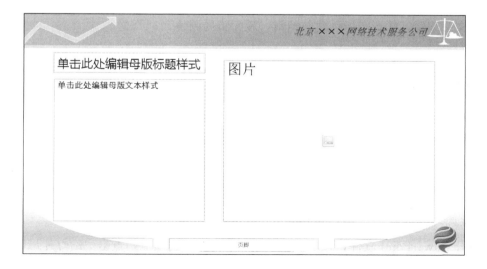

"标题与内容"幻灯片母版

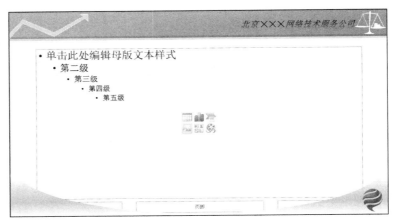

"空白"幻灯片母版

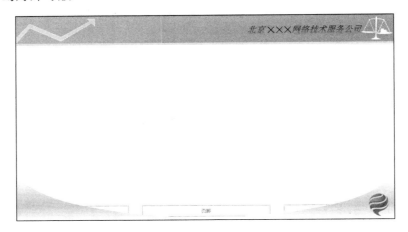

 任务分解

母版文字编辑，图形图像创建与编辑，版面布局调整。

核心知识点

字体，字号，字形，颜色编辑。

图形的插入，形状调整，线条效果，填充效果。

操作步骤

（1）编辑版式为"标题幻灯片"的幻灯片母版。

·打开 PowerPoint 软件，在功能区中点击"视图"选项卡，点击"幻灯片母版"按钮。

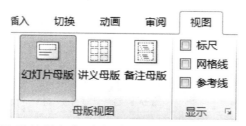

· 此时在编辑视口中显示的是幻灯片版式及母版内容。在版式中选择"标题幻灯片"，将看到标题幻灯片的结构与内容。

· 设置标题字体为"微软雅黑"，字号为 56 磅，加粗，文字阴影，颜色为"蓝色，强调文字颜色 1，深色 25％"。

· 设置副标题字体"方正姚体"，字号为 30。

· 调整标题文本框和副标题文本框的大小及位置，同时调整标题文本框文本位置如下图。

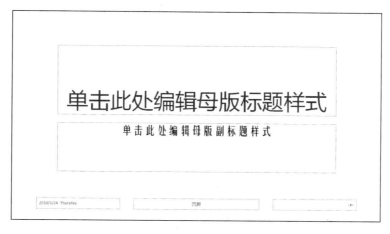

· 单击功能区中的"插入"选项卡，点击"图片"按钮，找到并插入"地图 . JPG"，同时通过鼠标调整其大小使其覆盖整页，而后鼠标右键点击图片，在弹出的菜单中选择"置于底层"—"置于底层"，让图片作为背景图片。

• 单击功能区中的"插入"选项卡，点击"形状"按钮，在下拉列表中选择"剪去同侧角的矩形"，并通过鼠标在通过点击和拖拽操作绘制矩形，放置于母版上方。

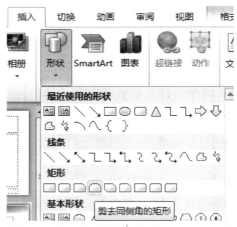

• 在矩形上点击鼠标右键，在弹出的菜单中点击"设置形状格式"。在弹出的对话框中选择"填充"，并按下图设置其渐变填充效果。

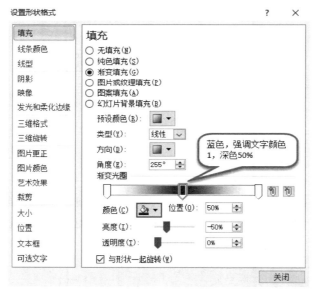

• 单击功能区中的"插入"选项卡，单击"文本框"按钮，在下拉列表中选择"横排文本框"，在文本框中撰写"北京×××网络技术服务公司"文本，设置为"华文细黑"字体、22 磅、加粗、文字阴影，颜色为"金色，强调文字颜色 4"。将文本框放置在母版左上角位置（参照效果图）。

• 利用插入图片的方法，插入"公务 . JPG"图片，选中图片后单击功能区中的"格式"选项卡，单击"颜色"按钮，在下拉列表中选择"设置透明色"，用鼠标点击图片上的白色区域，以去掉白色像素。在其图片上右击，在弹出的菜单中单击"设置形状格式"菜单：设置其填充为"纯色填充"，颜色使用"蓝色，强调文字颜色 1，淡色 60％"实线；设置其线型为 0.75 磅单线；其线条颜色为"金色，强调文字颜色 4，淡色 60％"；按下图设置其发光和柔滑边缘属性。图片放于合适的位置（参照效果图）。

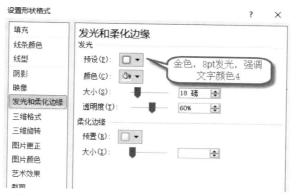

· 在母版底部插入"矩形"，在其边框上右击，在菜单中选择"编辑顶点"，而后通过移动顶点、添加顶点、转换顶点类型和贝塞尔曲线编辑等方法，修改图形的形状。

· 按下图要求设置矩形的填充效果。

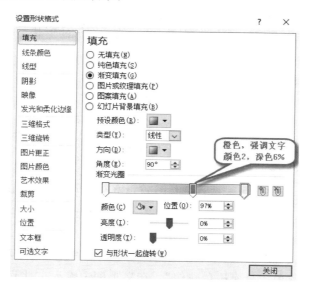

• 插入图片 "LOGO. BMP"，而后选中图片，单击功能区中的 "格式" 选项卡，单击 "颜色" 按钮，在下拉列表中选择 "设置透明色"，单击图片上的白色区域，以去掉白色像素。将其放置于母版右下角，大小和位置参照效果图。

• 在母版底部插入文本框，填写 "Copyright © 2016 ×××京 ICP 备 100114×× 号 400-998-70××" 文本，设置为幼圆、14 磅、加粗、颜色为 "黑色文字 1 淡色 50%"。

（2）编辑版式为 "图片与标题" 的幻灯片母版。

• 单击功能区中的 "插入" 选项卡，点击 "形状" 按钮，在下拉列表中选择 "矩形"，在母版的上方创建矩形，并通过 "设置形状格式" 对话框设置其效果。

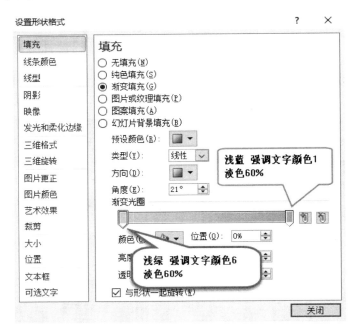

• 在母版底部插入图形 "右箭头"，在其边框上右击，在菜单中选择 "编辑顶点"，而后通过移动顶点、添加顶点、转换顶点类型等方法，修改图形的形状。

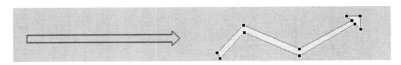

• 通过 "设置形状格式" 对话框调整上图箭头的属性：填充属性为白色纯色填充，透明度 50%；线条和颜色属性为白色实线。并将其放置于母版左上角。

• 插入图片 "天平 .JPG"，而后选中图片，单击功能区中的 "格式" 选项卡，单击 "颜色" 按钮，在下拉列表中选择 "重新着色" 中的 "黑白 25%"，而后再在 "颜色" 下拉列表中选择 "设置透明色"，单击图片上的黑色区域，以去掉黑色部分。将图片放置于母版右上角，最终效果参照效果图。

• 单击功能区中的 "插入" 选项卡，单击 "艺术字" 按钮，在下拉列表中选择右下角的 "填充－蓝色强调文字颜色 1 金属棱台映像"，在文本框中输入 "北京×××网络技术服务公司"文本，设置为宋体、22 磅、加粗、倾斜。将艺术字放置在母版左上角位置（参照效果图）。

· 单击功能区中的"插入"选项卡，单击"形状"按钮，在下拉列表中选择"直角三角形"，并按住鼠标左键拖拽操作绘制三角形；而后在其边框上右击，在菜单中选择"编辑顶点"，通过添加顶点、转换顶点和贝塞尔曲线编辑等方法，修改图形的形状。

· 通过"设置形状格式"对话框设置三角形的渐变填充效果。

· 对三角形进行复制，选中复制出来的三角形，在功能区中单击"格式"选项卡，单击"旋转"按钮，在下拉列表中选择"水平翻转"。将两个三角形放置在母版的下方。

· 将在"标题幻灯片"母版中插入并编辑过的"LOGO.BMP"复制到此幻灯片中，并将其放置于母版右下角，大小和位置参照效果图。

· 调整母版中其他文本框和图片框的位置下大小。"单击此处编辑母版标题样式"设置为"微软雅黑"字体，26 磅；"单击此处编辑母版文本样式"设置为"华文细黑"字体，18 磅。

（3）编辑版式为"标题与内容"及"空白"的幻灯片母版。

将上面编辑好的"内容与标题"幻灯片母版中的图形、图片及艺术字对象复制到"标题与内容"及"空白"母版中。

（4）结束对幻灯片母版的编辑。

完成以上操作后，在功能区中点击"幻灯片母版"选项卡，单击"关闭母版视图"按钮，退出幻灯片母版编辑状态。

 **技巧提示**

（1）PPT 中，文字可以通过文本框、艺术字或图形作为容器承载，不能直接在幻灯片中输入。

（2）选中图形并右击，可以通过"设置形状格式"对话框设置其线条、填充、阴影、发光、三维及位置等参数。

（3）在图形上右击，可以通过"编辑顶点"来对图形进行形状上的后期加工。即可以通过移动顶点、添加或删除顶点、贝塞尔曲线等改变图形形状。

巩固一下

编辑以下幻灯片母版：

任务 2　幻灯片内容的编辑

效果图

1 号幻灯片——标题幻灯片

2 号幻灯片——图片与标题幻灯片

3 号幻灯片——空白幻灯片

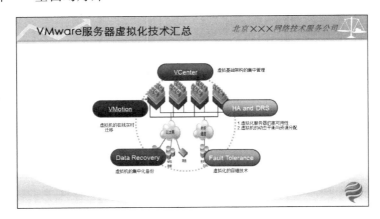

4 号幻灯片——标题与内容幻灯片

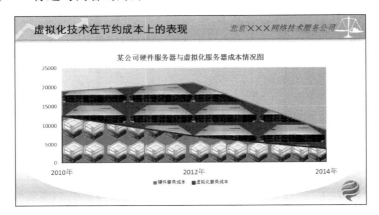

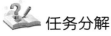 **任务分解**

文字录入与修饰，图形插入与修饰，数据录入与图表修饰。

 核心知识点

图形图像的插入，形状位置调整，线条效果，填充效果；
图表数据的录入，图表中各元素的显示效果调整。

 操作步骤

（1）编辑"标题幻灯片"

·新建"标题幻灯片"。在功能区中单击"开始"选项卡，单击"新建幻灯片"按钮，在下拉列表中选择"标题幻灯片"。

- 在新建的标题幻灯片中输入"标题——服务器虚拟化解决方案及副标题——基于 VMware vSphere 的虚拟化技术架构"。

（2）编辑"图片与标题幻灯片"

- 在第一张标题幻灯片后面新建"图片与标题幻灯片"。输入标题"公司简介及合作伙伴"；输入其他内容文本（文字较多，详见效果图）。

- 在幻灯片右侧的图片框中，单击中心的图片图标，在弹出的对话框中选择要插入的图片"huoban. png"。

（3）编辑"空白幻灯片"

- 在第二张标题幻灯片后面新建"空白幻灯片"。在幻灯片左上角插入横排文本框，并输入"VMware 服务器虚拟化技术汇总"，设置为华文细黑字体，30 磅。

- 插入图形：1 个"椭圆"、5 个大小相同的"流程图：终止"图形。椭圆图形的形状应调整为圆形。图形应放置在合适的位置。

- 通过"设置形状格式"对话框调整圆形的线条颜色为"蓝色强调文字颜色 1 淡色 40％"实线；线型中调整其宽度为 4 磅；在"填充"中选择"图片或纹理填充"，并单击下方的"文件"按钮，选择名为"虚拟化拓扑 . png"的图片以填充圆形内部区域。

- 为 5 个"流程图：终止"图形添加文字。右键单击图形，在弹出菜单中选择"编辑文字"，分别为 5 个图形输入文字：VCenter、VMotion、HA and DRS、Data Recovery、Fault Tolerance。所有文字的效果：字体为 Arial，字号为 18 磅，颜色为白色。

- 通过"设置形状格式"对话框设置 5 个"流程图：终止"图形的线型与填充效果。

图形	线条	填充
上		渐变填充：90 度，起始颜色：红色；结束颜色：深红
左上	2.25 磅，颜色为"蓝色强调文字颜色 1 深色 25％"，实线	渐变填充：90 度，起始点颜色：紫色；结束点颜色：（R：64　G：26　B：93）
右上		渐变填充：90 度，起始点颜色：橙色；结束点颜色：（R：132　G：108　B：33）
左下		渐变填充：90 度，起始点颜色：蓝色；结束点颜色：（R：3　G：67　B：115）
右下		渐变填充：90 度，起始点颜色：绿色；结束点颜色：（R：82　G：118　B：45）

在配置颜色时，如需输入 RGB 值，应通过自定义颜色的方法进行编辑。

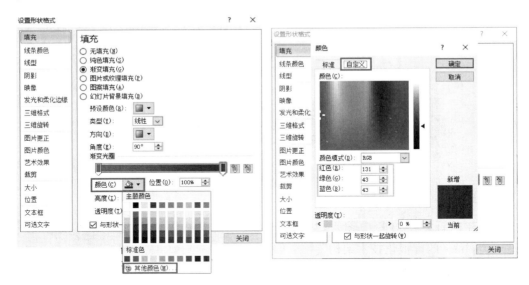

· 创建并编辑文本框。在每个"流程图：终止"图形旁边，插入一个横排文本框并输入文字（文字内容见效果图），文字为"宋体"字体，字号为 12 磅。

（4）编辑"标题与内容幻灯片"

· 在第三张标题幻灯片后面新建"标题与内容幻灯片"。在幻灯片左上角插入横排文本框，并输入"虚拟化技术在节约成本上的表现"，设置为华文细黑字体，30 磅。

· 在新幻灯片中央位置点击"图表"图标以插入和编辑图表。

· 在弹出的对话框中选择"面积图"类别，并选择其中的第一种面积图，单击"确定"按钮。

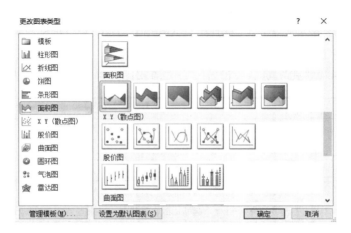

・在打开的 Excel 工作表中输入以下数据信息，同时调整蓝色边框的大小以包含新的数据区域。完成后直接关闭 Excel 窗口。

	A	B	C	D	E
1		硬件服务成本	虚拟化服务成本		
2	2010年	18960	12600		
3	2012年	21030	7230		
4	2014年	8600	3600		
5					
6					
7					
8					
9		若要调整图表数据区域的大小，请拖拽区域的右下角。			

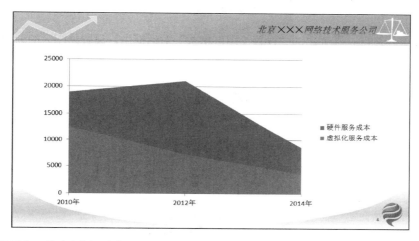

・设置图例。单击图表对象，在功能区中选择"布局"选项卡，单击其中的"图例"按钮，在下拉列表中选择"在底部显示图例"。

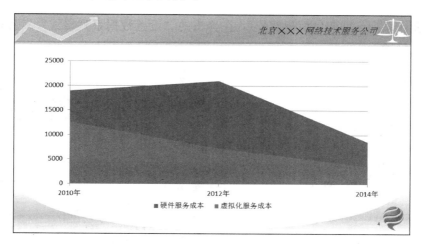

・添加图表标题。同样在"布局"选项卡下，单击"图表标题"按钮，在下拉列表中选择"图表上方"。输入标题文字："某公司硬件服务器与虚拟化服务器成本情况图"。设置为宋体，20 磅，颜色选择"黑色文字 1 淡色 35％"。

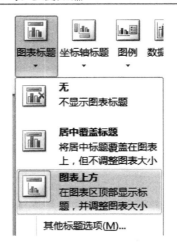

· 双击图表绘图区，在弹出的"设置绘图区格式"对话框中，设置绘图区的渐变填充效果。

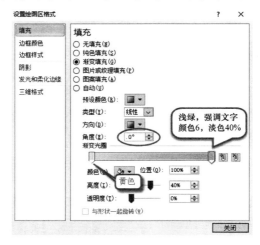

· 双击蓝色系列（即蓝色面积部分），在弹出的"设置数据系列格式"对话框中，做填充及线条相关设置。

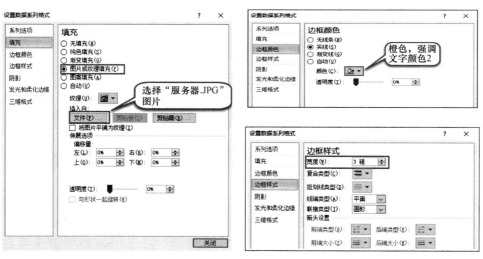

• 双击橙色系列（即橙色面积部分），在弹出的"设置数据系列格式"对话框中，做填充及线条相关设置。

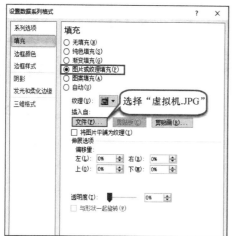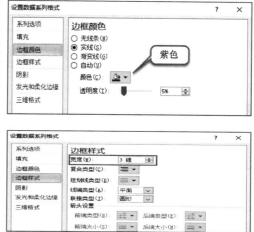

 技巧提示

（1）选中图形并右击，可以通过"设置形状格式"对话框设置其线条、填充、阴影、发光、三维及位置等参数。

（2）在图形上右击，可以通过"编辑顶点"来对图形进行形状上的后期加工。即可以通过移动顶点、添加或删除顶点、贝塞尔曲线等改变图形形状。

（3）在录入数据后，如要回到 Excel 工作表以修改数据，可通过在 PPT 的"设计"选项卡中单击"编辑数据"按钮打开数据表。

巩固一下

编辑以下幻灯片：

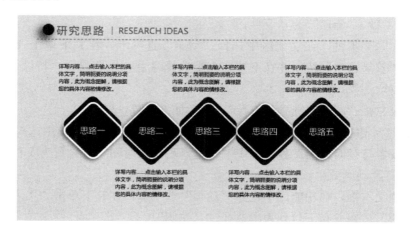

任务3 幻灯片播放效果编辑

效果图（略）

任务分解

幻灯片切换效果设置，文本及图像动画效果设置，幻灯片播放方式设置。

核心知识点

动画切换方式调整，动画效果的选择与调整。

操作步骤

（1）选择第一张"标题幻灯片"，并做如下设置：

① 设置幻灯片切换效果：在功能区中选择"切换"选项卡，在其中选择"传送带"切换动画，同时设置持续时间为2秒，选中"设置自动切换时间"并设置为1秒。

② 设置幻灯片动画效果：

·选中标题文本框，在功能区中选择"动画"选项卡，在其下单击"补色"按钮，设置"持续时间"为1秒，"延迟"为0.5秒；

·选中副标题文本框，在功能区中选择"动画"选项卡，在其下单击"对象颜色"按钮，同时单击"效果选项"按钮并在下拉列表中选择绿色，最后设置"持续时间"为1秒，"延迟"为0.5秒。

（2）选择第二张"图片与标题幻灯片"，并做如下设置：

① 设置幻灯片切换效果：在功能区中选择"切换"选项卡，在其中选择"摩天轮"切换动画，同时设置持续时间为2秒，选中"设置自动切换时间"并设置为1秒。

② 设置幻灯片动画效果：

·选择标题文本框，在功能区中选择"动画"选项卡，在其下单击"飞入"按钮，同时单击"效果选项"按钮并在下拉列表中选择"自左侧"。

•选择内容文本框，在功能区中选择"动画"选项卡，在其下单击"擦出"按钮，同时单击"效果选项"按钮并在下拉列表中选择"自底部"。

•选择图片框，在功能区中选择"动画"选项卡，在其下单击"形状"按钮，同时单击"效果选项"按钮并在下拉列表中选择"菱形"。

（3）选择第三张"空白幻灯片"，并做如下设置：

① 设置幻灯片切换效果：在功能区中选择"切换"选项卡，在其中选择"闪耀"切换动画，同时设置持续时间为 2 秒，选中"设置自动切换时间"并设置为 1 秒。

② 设置幻灯片动画效果：

•选择上方的 VCenter 图形，在功能区中选择"动画"选项卡，设置"自顶部"的"飞入"效果。

•选择左上方的 VMotion 图形，在功能区中选择"动画"选项卡，设置"自左侧"的"飞入"效果。

•选择右上方的 HA and DRS 图形，在功能区中选择"动画"选项卡，设置"自右侧"的"飞入"效果。

•选择左下方的 Data Recovery 图形，在功能区中选择"动画"选项卡，设置"自左下部"的"飞入"效果。

•选择右下方的 Fault Tolerance 图形，在功能区中选择"动画"选项卡，设置"自右下部"的"飞入"效果。

（4）第四张"标题与内容幻灯片"，并做如下设置：

① 设置幻灯片切换效果：在功能区中选择"切换"选项卡，在其中选择"时钟"切换动画，同时设置持续时间为 2 秒，选中"设置自动切换时间"并设置为 1 秒。

② 设置幻灯片动画效果：

•选中图表对象，在功能区中选择"动画"选项卡，单击动画列表框右侧的滚动条，如下图：

•在展开的列表中的"动作路径"栏中单击"自定义路径"按钮。

•按住鼠标左键拖拽，绘制以下路径线，绘制完成后弹开鼠标左键并回车。

（5）设置幻灯片放映方式

① 在功能区中选择"幻灯片放映"选项卡，单击"设置幻灯片放映"按钮。

② 在弹出的"设置放映方式"对话框中设置如下项：

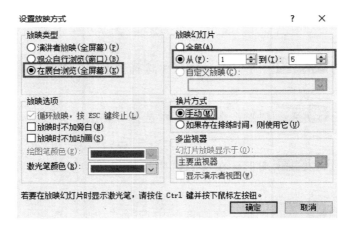

 **技巧提示**

（1）要为幻灯片中的元素重排动画播放顺序，可选中对象，在功能区的"动画"选项卡的最右侧通过"向前移动"和"向后移动"来调整播放次序。

（2）在设置完"动作路径"动画后，如需对路径进行修改，可在路径图形上右击，并通过"编辑顶点"来调整其形态。

（3）为不同元素设置相同的动画效果，可以通过功能区的"动画"选项卡的"动画刷"来快速设置，其用法类似"格式刷"。

巩固一下

为幻灯片设置"自动播放方式"。